Praktische Theorie in der Flugtechnik

Band 11

Die Flugzeuggeräte

von

Helmuth Wenke

III. Teil

Geräte — Musterblätter

Mit 188 Abbildungen

WALTER DE GRUYTER & CO., BERLIN

vormals G. J. Göschen'sche Verlagshandlung · J. Guttentag, Verlagsbuchhandlung

Georg Reimer · Karl J. Trübner · Veit & Comp.

1943

Archiv-Nr. 5543

Gedruckt von Walter de Gruyter & Co., Berlin W 35

Printed in Germany

Inhalt

Einleitung

Die im Flugzeug fest eingebauten Geräte, die unter dem Begriff „Überwachungsgeräte" zusammengefaßt werden und im I. u. II. Teil des Buches eingehend behandelt sind, stellen als Ganzes betrachtet einen in sich abgeschlossenen Teil — eine Baugruppe — des Flugzeuges dar. Im Besatzungsraum bilden diese Geräte eine technische Zentrale, die nicht allein für die Betriebssicherheit des Flugzeuges unerläßlich, sondern auch für die Durchführung eines Fluges lebenswichtig ist. Um die Vielzahl der Geräte im Zusammenhang mit den Bedieneinrichtungen völlig beherrschen zu können, ist neben einer sinnvollen Anordnung auch eine dem Auge leicht erfaßbare Abstimmung der Geräte in Größe und Form untereinander notwendig (s. hierzu auch Teil I, z. B. Abb. 1 bis 4 und 38). Den Erfordernissen des praktischen Flugbetriebes ist in dieser Hinsicht durch die behördlichen Vorschriften weitgehendst Rechnung getragen. In der Einleitung vom I. Teil des vorliegenden Buches wurde auf die verschiedenen Richtlinien, die für den Bau und die äußere Gestaltung der Geräte beachtet werden müssen, bereits hingewiesen.

Vom konstruktiven Standpunkt aus betrachtet ist die Auswahl der verschiedenen Geräte für ein bestimmtes Flugzeugmuster jedoch außer der organischen Erfassung im Besatzungsraum noch von anderen Gesichtspunkten abhängig[1]). Je nach der Aufgabe benötigen die Geräte von Fall zu Fall für den Betrieb eine besondere Kraftquelle oder bestimmte Vorrichtungen und Einbauten, die unter Umständen auch von dem Verwendungszweck des Flugzeuges bestimmt werden. Mit der technischen Entwicklung wird das Flugzeug in seinem Aufbau und seinen verschiedenen Einrichtungen immer komplizierter; es ist daher wesentlich, neben den allgemeinen Normungsbestrebungen durch eine geeignete Zusammenstellung die Bedienung, den Einbau, die Kraftquellen und übrigen technischen Einrichtungen für die Geräte soweit irgend möglich zu vereinfachen und zu vereinheitlichen. Um in dieser Hinsicht zweckmäßig arbeiten zu können, ist eine Übersicht über die verfügbaren Geräte unerläßlich. Hierbei ist es unwesentlich, in die Arbeitsweise oder den technischen Aufbau näheren Einblick zu nehmen; nur grundsätzliche Daten und zahlenmäßige Angaben sind sowohl für den Konstrukteur als auch den Praktiker des Betriebes von Bedeutung.

---

[1]) S. auch I. Teil unter Einleitung und II. 3 c.

Diese Überlegungen spielen für den Wart und insbesondere für den Gerätewart ebenfalls eine Rolle. Leitungsanschlüsse, Abmessungen, Befestigungen und ähnliche äußere Merkmale haben auf die Wartung, die Austauschmöglichkeiten und Ersatzteilbeschaffung einen Einfluß, so daß eine Nachschlagemöglichkeit der wichtigsten Daten die reibungsfreie Abwicklung der verschiedenen Aufgaben wesentlich erleichtern kann. Um diesen Bedürfnissen zu genügen, sind von den Geräteherstellern zum Teil Datenblätter der Geräte herausgegeben worden, die verständlicherweise einen unterschiedlichen Aufbau haben. Darüber hinaus sind solche Unterlagen, auf die der Flugzeughersteller und -halter angewiesen sind, weder beliebig greifbar, noch geschlossen zusammengestellt.

In dem vorliegenden III. Teil des Flugzeuggerätebuches sind die Hauptmerkmale, Daten und Abmessungen der im I. Teil behandelten Flugzeuggeräte und ihre Variationen in „Gerätemusterblättern" zusammengetragen. Dabei ist vor allem Wert darauf gelegt, daß alle Angaben gleichmäßig ausgerichtet wurden, so daß ein Vergleich unter den Geräten hinsichtlich ihrer Kennzeichen leicht und schnell möglich ist. Da die äußere Form jeweils durch eine Zeichnung festgehalten ist, wurde bewußt auf eine perspektivische bildliche Darstellung verzichtet und alle Geräte sind, soweit es sich um normale Anzeigegeräte handelt, nur in einer einfachen Frontalansicht wiedergegeben. Dies geschicht auch von dem Gesichtspunkt aus, daß die Besatzung im Flugzeug das einzelne Anzeigegerät nur in der Vorderansicht sieht und kennt.

Das Buch soll ein Nachschlagewerk sein, das seiner gedachten Aufgabe entsprechend sowohl den Belangen des technischen Büros als auch denen des Betriebes gleichermaßen gerecht wird. Die einzelnen Angaben sind in Zusammenarbeit mit den verschiedenen Geräteherstellern[1]) aufgestellt und von diesen überprüft, so daß eine Gewähr für die Übereinstimmung der Unterlagen mit den tatsächlichen Verhältnissen gegeben ist.

Die einzelnen Abschnitte der Gerätemusterblätter stimmen mit der Bezifferung derjenigen des I. Teiles des Gerätebuches überein. Es ist dadurch die Möglichkeit geschaffen, von Fall zu Fall auf nähere Erläuterungen und bildliche Darstellungen schnell zurückgreifen zu können und ein Nachschlagen zu erleichtern.

---

[1]) Liste der Gerätehersteller s. I. Teil, Vorwort.

ASKANIA
OFFENHAUER

Drehzahlmesser Ln 10r (Fl ohne)	Nahdrehzahlmesser

Abb. 1

Ausführung

1. Arbeitsweise	Fliehpendel
2. Gehäuse	zylindrisch, Leichtmetall
3. Pendelsystem	Ringpendel
4. Zifferblatt	Teilung: je 50 U/min, selbstleuchtende Teilstriche auf schwarzem Grund, Bezifferung: je 400 U/min
5. Antrieb	biegsame Welle
6. Zeiger	selbstleuchtend, einfacher Zeigerumlauf

Einrichtungen

7. Untersetzungen	1:1, 2:1, 4:1, (4:1 mit Vorgelege)
8. Anschluß	gerader Anschluß, M 22×1,5
9. Zeigerdrehrichtung	mit dem Uhrzeigersinn (mul), unabhängig vom Antrieb

Daten

10. Gewicht	0,360 kg
11. Meßbereich	400—2400 U/min, 600—3000 U/min
12. Kleinster Meßbereich	
ablesbar	50 U/min
abschätzbar	25 U/min
13. Einbaumaße und Befestigung	4 Nietmuttern oder 4 Linsenkopfschrauben mit Federringen und Muttern M 4×15 DIN 84

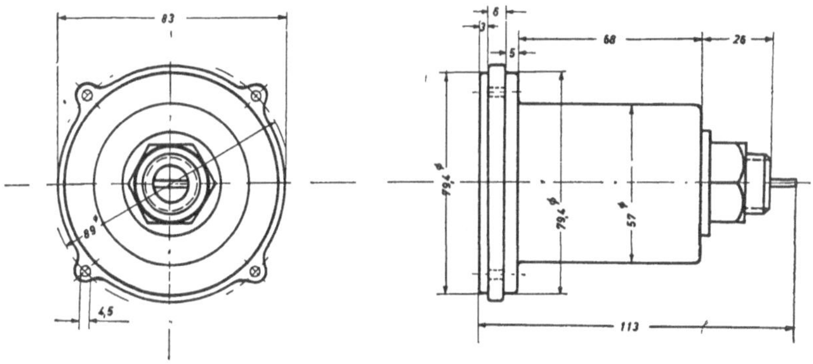

Abb. 2

BRUHN

Drehzahlmesser DR 1 Fl. (20222-1/2/3)	Nahdrehzahlmesser

Abb. 3

Ausführung

1. Arbeitsweise	Fliehpendel
2. Gehäuse	zylindrisch, Leichtmetall
3. Pendelsystem	Einfachpendel
4. Zifferblatt	Teilung: je 50 U/min, selbstleuchtende Teilstriche auf schwarzem Grund; Bezifferung: je 200 U/min
5. Antrieb	biegsame Welle
6. Zeiger	selbstleuchtend, einfacher Zeigerumlauf

Einrichtungen

7. Untersetzungen	1:1, 2:1
8. Anschluß	Schwenkanschluß um 360° (DIN Kr 5532)
9. Zeigerdrehrichtung	mit dem Uhrzeigersinn (mul), unabhängig vom Antrieb

Daten

10. Gewicht	0,470 kg
11. Meßbereich	500—2400 U/min, 600—3000 U/min, 600— 3600U/min
12. Kleinster Meßbereich	
ablesbar	50 U/min
abschätzbar	25 U/min
13. Einbaumaße und Befestigung	4 Nietmuttern oder 4 Linsenkopfschrauben mit Federringen und Muttern M 4×15 DIN 84

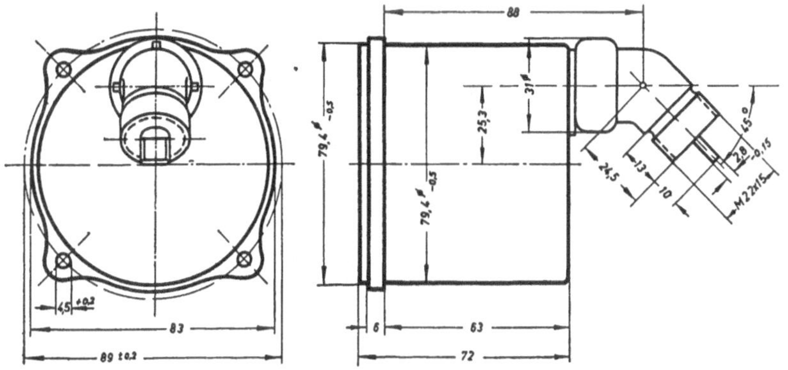

Abb. 4

ASKANIA
OFFENHAUER

Drehzahlmesser Ln 8 r, Ln 11 r (Fl. ohne)	Nahdrehzahlmesser

Abb. 5

Ausführung	Ln 8 r	Ln 11 r[1])
1. Arbeitsverfahren	elektromagnetisch, Wirbelstrom	
2. Gehäuse	zylindrisch, Leichtmetall	
3. Magnetsystem	Dauerringmagnet, Leichtmetallglocke	
4. Zifferblatt	Teilung: je 50 U/min, selbstleuchtende Teilstriche auf schwarzem Grund; Bezifferung: je 400 U/min,	je 200 U/min
5. Antrieb	biegsame Welle	
6. Zeiger	selbstleuchtend, einfacher	doppelter Zeigerumlauf

[1]) Mit besonderem Fenster für den zweiten Zeigerumlauf (s. Abb. 5 und I. Teil A I 2 b).

Einrichtungen

7. Untersetzungen	1:1, 2:1, 4:1, (4:1 mit Sondermagneten)
8. Anschluß	gerader Anschluß, M 22×1,5
9. Zeigerdrehrichtung	mit oder gegen den Uhrzeigersinn (mul oder edul), je nach der Drehrichtung des Antriebes muß ein Wendegetriebe zwischengeschaltet werden.

Daten

	Ln 8 r	Ln 11 r
10. Gewicht	0,360 kg,	0,400 kg
11. Meßbereich	200—2400, 200—3000	0—4000 U/min
12. Kleinster Meßbereich		
ablesbar	50 U/min	
abschätzbar	25 U/min	
13. Einbaumaße und Befestigung	4 Nietmuttern oder 4 Linsenkopfschrauben mit Federringen und Muttern M 4×15 DIN 84	

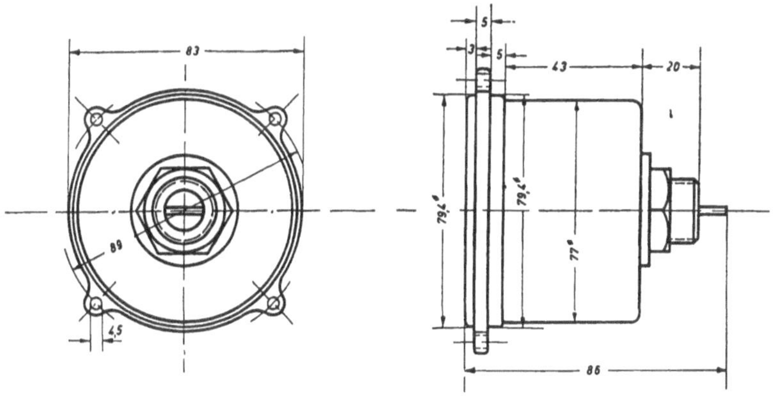

Abb. 6

DEUTA-MORELL

Drehzahl-Geber EF 10 (Fl. 20285-1)	Ferndrehzahlmesser (Anzeiger EW 16)

Abb. 7

Ausführung

1. Arbeitsweise	elektrisch, Stromerzeuger (Generator)
2. Gehäuse	Leichtmetall
3. Stromsystem	Wechselstrom
4. Antrieb	biegsame Welle, direkter Motoranschluß[1]), DIN Kr 5532
5. Übertragung	zweiadrige Leitung
6. Meßumfang	bis zu 2 Anzeigegeraten

Einrichtungen

7. Untersetzungen	1:2 (normal), 1:1, 2:1, dann Umeichung des Anzeigegerätes s. d.
8. Temperaturausgleich	durch Nebenschlußring
9. Drehrichtung	unabhängig vom Drehsinn des Antriebes

[1]) In Deutschland direkter Anschluß nicht zulassig.

Daten

10. Gewicht	etwa 1,0 kg
11. Meßbereich	bis zu 4200 U/min nach Bedarf
12. Leistung..................	17 V bei 1200 U/min etwa 2 Watt
13. Einbaumaße und Befestigung	4 Sechskantkopf-Schrauben mit Federringen und Muttern

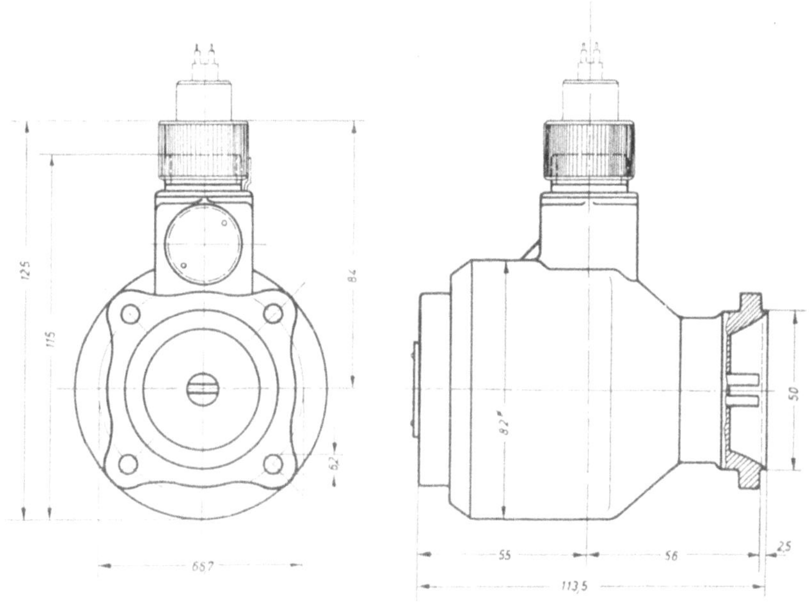

Abb. 8

DEUTA-MORELL

Drehzahl-Anzeigegerät EW 16 (Fl 20282–3/283–3/284–3/286–3)	Ferndrehzahlmesser (Geber EF 10)

Abb. 9

Ausführung

1. Arbeitsweise	elektrisch, Spannungsmesser
2. Gehäuse	zylindrisch, Preßstoff
3. Stromsystem	Wechselstrom
4. Zifferblatt	Teilung: je 50 U/min, selbstleuchtende Teilstriche auf schwarzem Grund; Bezifferung: je 400 U/min
5. Übertragung	zweiadrige Leitung
6. Zeiger	selbstleuchtend, einfacher Zeigerumlauf

Einrichtungen

7. Untersetzungen	Anzeigegerät auf Drehzahl des Gebers geeicht, s. d.
8. Temperaturausgleich	durch besonderen Werkstoff des Weicheisenkernes
9. Zeigerdrehrichtung	mit dem Uhrzeigersinn (mul), unabhängig vom Drehsinn des Gebers

Daten

10. Gewicht	0,280 kg
11. Meßbereich................	200—1800, 200—2400, 300—3000 U/min 300—3600 U/min
12. Kleinster Meßbereich	
ablesbar	50 U/min
abschätzbar...............	25 U/min
13. Einbaumaße und Befestigung	4 Nietmuttern oder 4 Linsenkopfschrauben mit Federringen und Muttern, M 4×15 DIN 84

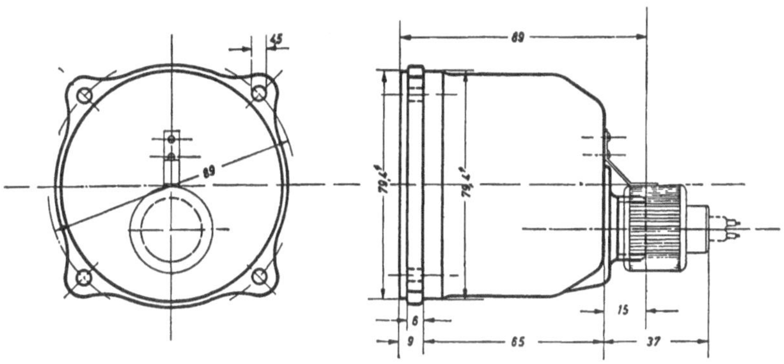

Abb. 10

HORN

Drehzahlgeber Dr G 7 (Fl. 20236)	Ferndrehzahlmesser (Anzeiger Dr A 7/8)

Abb. 11

Ausführung

1. Arbeitsweise .... elektrisch, Stromerzeuger (Generator)
2. Gehäuse .... Leichtmetall
3. Stromsystem .... Wechselstrom
4. Antrieb .... direkter Motoranschluß
5. Übertragung .... zweiadrige Leitung, Anschluß M 20×1
6. Meßumfang .... 1 Anzeigegerät

Einrichtungen

7. Untersetzungen .... 1:1 (normal), 2:1, dann Umeichung des Anzeigegerätes, s. d.
8. Temperaturausgleich .... durch Nebenschlußring
9. Drehrichtung .... unabhängig vom Drehsinn des Antriebes

Daten

10. Gewicht	0,69 kg
11. Meßbereich	bis zu 4000 U/min nach Bedarf
12. Leistung	32 V bei 4000 U/min, etwa 6,4 Watt max.
13. Einbaumaße und Befestigung	4 Sechskantkopf-Schrauben mit Federringen und Muttern

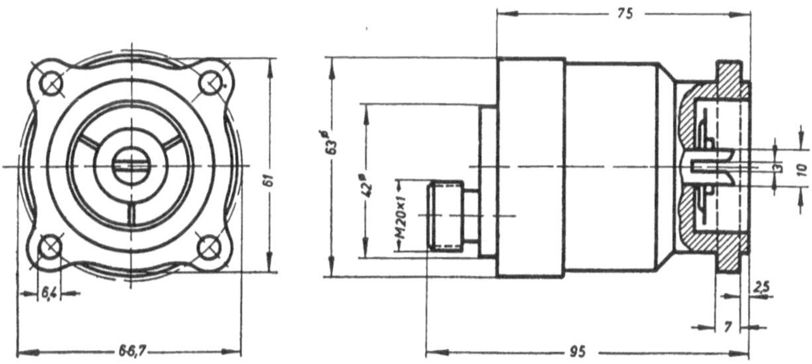

Abb. 12

HORN

Drehzahldoppelgeber Dr G 8 (Fl 20033)	Ferndrehzahlmesser (Anzeiger Dr A 7/8)

Abb. 13

Ausführung

1. Arbeitsweise	elektrisch, Stromerzeuger (Generator)
2. Gehäuse	Leichtmetall
3. Stromsystem	Wechselstrom
4. Antrieb	direkter Motoranschluß
5. Übertragung	zweiadrige Leitung, Anschluß M 20×1
6. Meßumfang	2 Anzeigegeräte

Einrichtungen

7. Untersetzungen	1:1 (normal), 2:1, dann Umeichung des Anzeigegerätes, s. d.
8. Temperaturausgleich	durch Nebenschlußring
9. Drehrichtung	unabhängig vom Drehsinn des Antriebes

Daten

10. Gewicht	1,08 kg
11. Meßbereich	bis zu 4000 U/min nach Bedarf
12. Leistung	2×32 V bei 4000 U/min, etwa 6,4 Watt max.
13. Einbaumaße und Befestigung	4 Sechskantkopf-Schrauben mit Federringen und Muttern

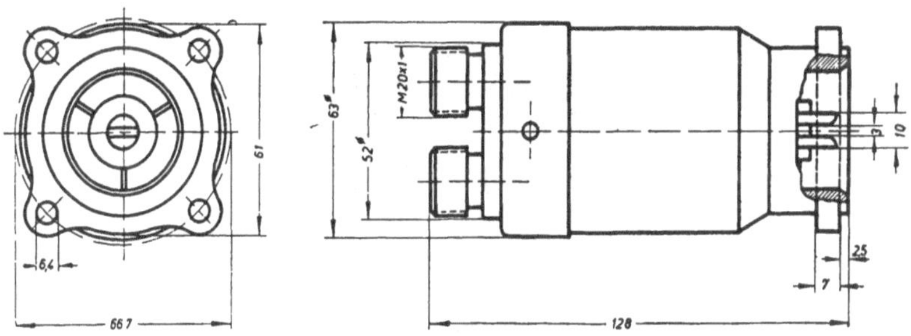

Abb. 14

HORN

Drehzahl-Anzeigegerät Dr A 7 (Fl. 20297)	Ferndrehzahlmesser (Geber Dr G 7/8)

Abb. 15

Ausführung

1. Arbeitsweise	elektrisch, Spannungsmesser
2. Gehäuse	zylindrisch, Leichtmetall
3. Stromsystem	Wechselstrom
4. Zifferblatt..................	Teilung: je 100 U/min, selbstleuchtende Teilstriche auf schwarzem Grund; Bezifferung: je 500 U/min
5. Übertragung	zweiadrige Leitung
6. Zeiger	selbstleuchtend, einfacher Zeigerumlauf

Einrichtungen

7. Untersetzungen.............	Anzeigegerät auf Drehzahl des Gebers geeicht, s. d.
8. Temperaturausgleich	durch temperaturfreien Vorwiderstand
9. Zeigerdrehrichtung..........	mit dem Uhrzeigersinn (mul), unabhängig vom Drehsinn des Gebers

Daten

10. Gewicht	0,44 kg
11. Meßbereich	300—3000, 300—3600, 300—4000 U/min
12. Kleinster Meßbereich	
ablesbar	100 U/min
abschätzbar	50 U/min
13. Einbaumaße und Befestigung	4 Nietmuttern oder 4 Linsenkopfschrauben mit Federringen und Muttern M 4×15 DIN 84

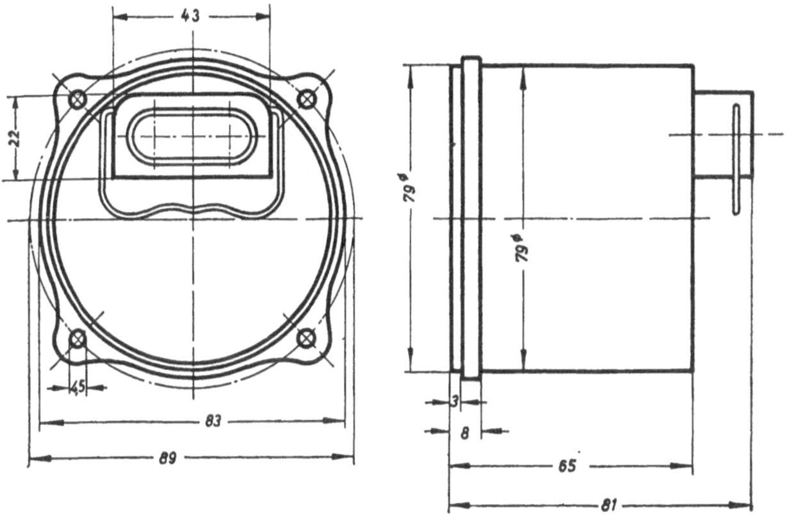

Abb. 16

HORN

Drehzahl-Anzeigegerät Dr A 8 (Fl 20270)	Doppeldrehzahlmesser Ferndrehzahlmesser (Geber Dr G 7/8)

Abb. 17

Ausführung

1. Arbeitsweise	elektrisch, Spannungsmesser
2. Gehäuse	zylindrisch, Leichtmetall
3. Stromsystem	Wechselstrom
4. Zifferblatt	Teilung: je 100 U/min, selbstleuchtende Teilstriche auf schwarzem Grund; Bezifferung: je 500 U/min
5. Übertragung	zwei zweiadrige Leitungen
6. Zeiger	selbstleuchtend, zwei Zeiger mit je einfachem Zeigerumlauf uber eine Anzeigeskala

Einrichtungen

7. Untersetzungen	Anzeigegerät auf Drehzahl des Gebers geeicht, s. d.
8. Temperaturausgleich	durch temperaturfreie Vorwiderstände
9. Zeigerdrehrichtung	beide Zeiger mit dem Uhrzeigersinn (mul), unabhängig vom Drehsinn der Geber

Daten

10. Gewicht	0,460 kg
11. Meßbereich	2 × je 300—3000, 2 × je 300—3600 U/min, 2 × je 300—4000 U/min
12. Kleinster Meßbereich	
ablesbar	100 U/min
abschätzbar...............	50 U/min
13. Einbaumaße und Befestigung	4 Nietmuttern oder 4 Linsenkopfschrauben mit Federringen und Muttern M 4×15 DIN 84

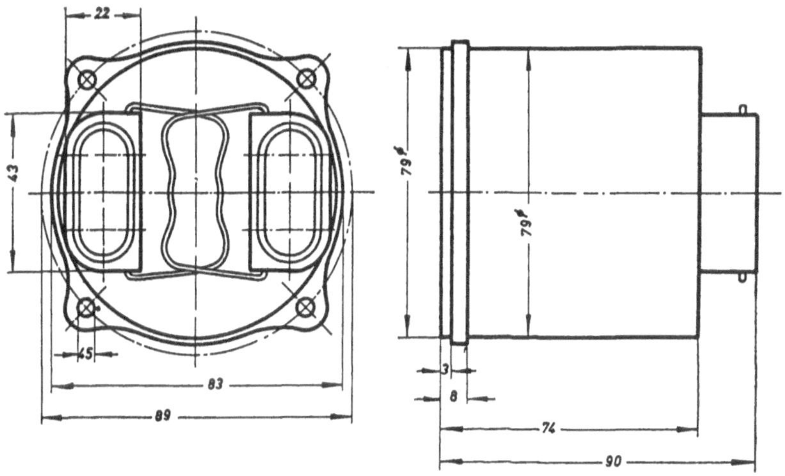

Abb. 18

ECKARDT

Kraftstoffdruckmesser END 1 END 2[1]) (Fl 20504–1/–2)	Einfachdruckmesser (Einfache Druckmessung s. Teil I/A II 1)

Abb. 19

Ausführung

END 1 END 2

1. Arbeitsweise	mechanisch, Übertragung des Druckes auf ein bewegliches Meßorgan
2. Gehäuse	zylindrisch, Preßstoff
3. Meßorgan	Röhrenfeder
4. Zifferblatt	Teilung: je 0,1 0,2 kg/cm² selbstleuchtende Teilstriche auf schwarzem Grund; Bezifferung: je 0,2 0,4 kg/cm²
5. Übertragung	druckfeste Leitung, unmittelbar oder durch Druckmittler
6. Zeiger	selbstleuchtend, einfacher Zeigerumlauf

Einrichtungen

7. Überlastbarkeit	durch Anlegen der Röhrenfeder am Gehäuse dreifache Überlast zulässig
8. Anschluß	A 4+ M 12×1,5 DIN 7606 und A 4 DIN 7608
9. Anzeige	Sollwerte durch verstellbare Grenzmarken

[1]) Fabrikation läuft aus, neue Herstellung durch Maximall s. S. 30.

Daten

	END 1	END 2
10. Gewicht	0,17 kg	
11. Meßbereich	0—1	0—2 kg/cm²
12. Kleinster Meßbereich		
ablesbar	0,05 kg²	
abschätzbar	0,025 kg/cm²	
13. Einbaumaße und Befestigung	4 Nietmuttern oder 4 Linsenkopfschrauben mit Federringen und Muttern M 4×15 DIN 84	

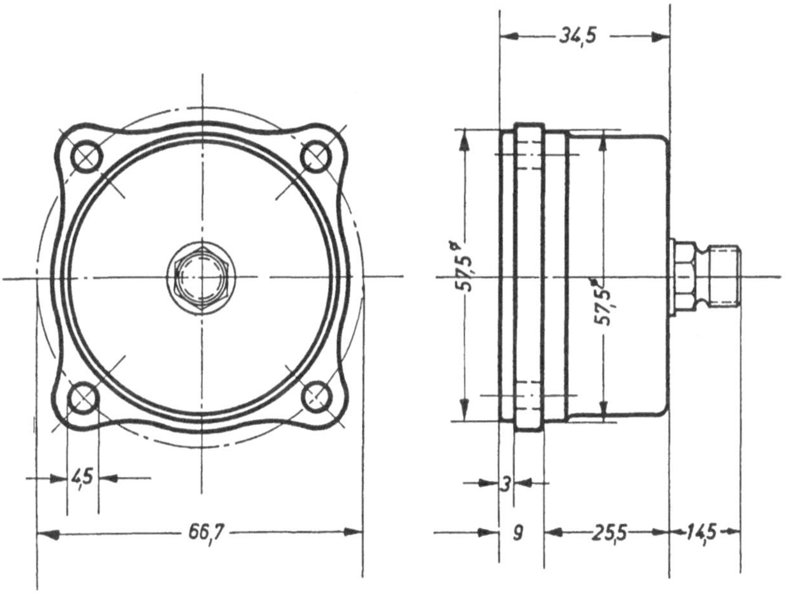

Abb. 20

ECKARDT

Schmierstoffdruckmesser D 0102 [1]) (Fl. 20504–10)	Einfachdruckmesser (Einfache Druckmessung s. Teil I/A II 1)

Abb. 21

Ausführung

1. Arbeitsweise..............	mechanisch, Übertragung des Druckes auf ein bewegliches Meßorgan
2. Gehäuse..................	zylindrisch, Preßstoff
3. Meßorgan..................	Rohrenfeder
4. Zifferblatt..................	Teilung: je 1 kg/cm², selbstleuchtende Teilstriche auf schwarzem Grund; Bezifferung: je 2 kg/cm²
5. Übertragung..............	druckfeste Leitung, unmittelbar oder durch Druckmittler
6. Zeiger.....................	selbstleuchtend, einfacher Zeigerumlauf

Einrichtungen

7. Überlastbarkeit............	durch Anlegen der Röhrenfeder am Gehäuse dreifache Überlast zulassig
8. Anschluß...................	A 4 + M 12×1,5 DIN 7606 und A 4 DIN 7608
9. Anzeige....................	Sollwerte durch verstellbare Grenzmarken

[1]) Fabrikation läuft aus, neue Herstellung durch Maximall, s. S. 32.

Daten

10.	Gewicht	0,17 kg
11.	Meßbereich................	0—10 kg/cm²
12.	Kleinster Meßbereich	
	ablesbar	0,5 kg/cm²
	abschatzbar...............	0,25 kg/cm²
13.	Einbaumaße und Befestigung	4 Nietmuttern oder 4 Linsenkopfschrauben mit Federringen und Muttern M 4×15 DIN 84

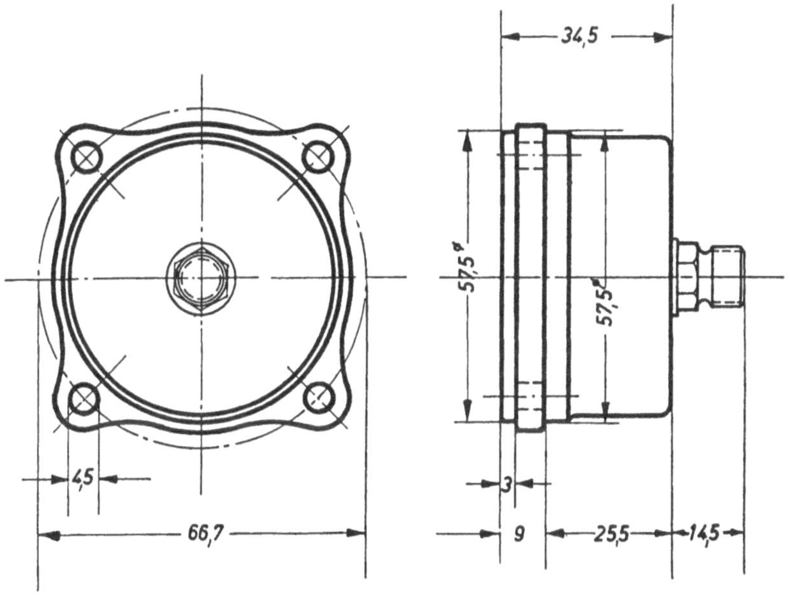

Abb. 22

ECKARDT

Schmierstoffdruckmesser RA 57/311 [1]) (Fl. 20604)	Einfachdruckmesser mit Druckmittler (Einfache Druckmessung s. Teil I/A II 1)

Abb. 23

Ausführung

1. Arbeitsweise	mechanisch, Übertragung des Druckes uber eine Druckdose (Membrandosenbalg) auf ein bewegliches Meßorgan
2. Gehäuse	zylindrisch, Preßstoff
3. Meßorgan	Röhrenfeder
4. Zifferblatt	Teilung: je 1 kg/cm², selbstleuchtende Teilstriche auf schwarzem Grund; Bezifferung: je 2 kg/cm²
5. Übertragung	druckfeste, mit Übertragungsflüssigkeit gefullte Leitung, die mit dem Druckmittler und dem Anzeigegerät untrennbar verbunden ist
6. Zeiger	selbstleuchtend, einfacher Zeigerumlauf

Einrichtungen

7. Überlastbarkeit	durch Anlegen der Röhrenfeder am Gehäuse dreifache Überlast zulässig

[1]) In Deutschland beschränkt zugelassen.

8. Druckmittler	Druckdose mit Schutzgehäuse, mit Gewinde SKA 82/1 und Dichtung DJR 88/1 einschraubbar an der Meßstelle. Abmessungen 30 mm Durchm., 94 mm Länge. Leitungslängen nach Bestellung, normal 3, 6, 9, 12 und 15 m
9. Anzeige	Sollwerte durch verstellbare Grenzmarken

Daten

10. Gewicht	0,7 kg einschl. 3,0 m Leitung (1 m Leitungslänge = 0,09 kg)
11. Meßbereich	0—10 kg/cm²
12. Kleinster Meßbereich	
ablesbar	0,5 kg/cm²
abschätzbar	0,25 kg/cm²
13. Einbaumaße und Befestigung	4 Nietmuttern oder 4 Linsenkopfschrauben mit Federringen und Muttern M 4×15 DIN 84

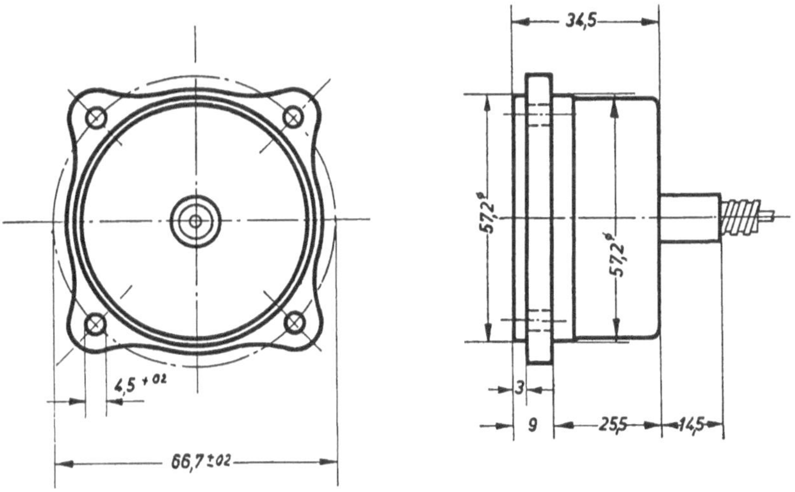

Abb. 24

MAXIMALL

Kraftstoffdruckmesser D 1002, 1003 (Fl. 20504–1/–2)	Einfachdruckmesser (Einfache Druckmessung s. Teil I/A II 1)

Abb. 25

Ausführung

1. Arbeitsweise .... mechanisch, Übertragung des Druckes auf ein bewegliches Meßorgan
2. Gehäuse .... zylindrisch, Preßstoff
3. Meßorgan .... Röhrenfeder
4. Zifferblatt .... Teilung: je 0,1 oder 0,2 kg/cm²; Bezifferung: Anfangs- und Endwert selbstleuchtend auf schwarzem Grund
5. Übertragung .... druckfeste Leitung, unmittelbar oder durch Druckmittler
6. Zeiger .... selbstleuchtend, einfacher Zeigerumlauf

Einrichtungen

	D 1002	D 1003
7. Überlastbarkeit.............	durch Anlegen der Rohrenfeder an einen Anschlag Überlast bis	
	2 kg/cm²	1 kg/cm²
8. Anschluß	A 4+M 12×1,5 DIN 7606 und A 4 DIN 7608	
9. Anzeige.....................	Sollwerte durch selbstleuchtende, verstellbare Grenzmarken	

Daten

10. Gewicht	0,16 kg	
11. Meßbereich	0—1 kg/cm²	0—2 kg/cm²
12. Kleinster Meßbereich		
ablesbar	0,1 kg/cm²	0,2 kg/cm²
abschätzbar	0,05 kg/cm²	0,1 kg/cm²
13. Einbaumaße und Befestigung	4 Nietmuttern oder 4 Linsenkopfschrauben mit Federringen und Muttern M 4×15 DIN 84	

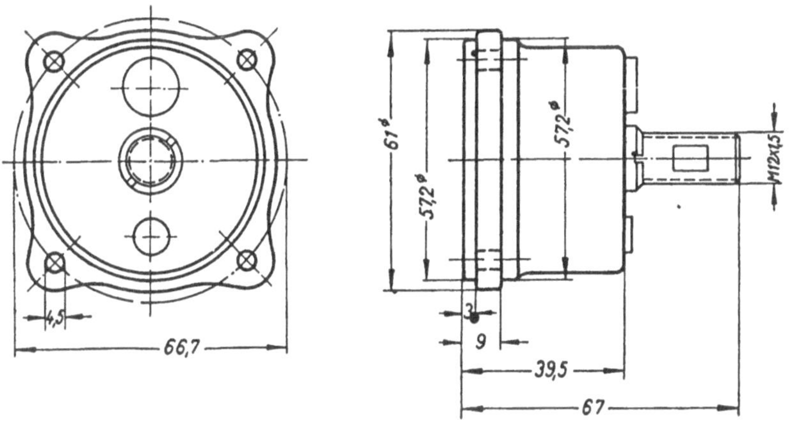

Abb. 26

MAXIMALL

Schmierstoffdruckmesser
D 0102
(Fl. 20504–10)

Einfachdruckmesser
(Einfache Druckmessung s. Teil I/A II 1)

Abb. 27

Ausführung

1. Arbeitsweise	mechanisch, Übertragung des Druckes auf ein bewegliches Meßorgan
2. Gehäuse	zylindrisch, Preßstoff
3. Meßorgang	Röhrenfeder
4. Zifferblatt	Teilung: je 1 kg/cm^2; Bezifferung: Anfangs- und Endwert selbstleuchtend auf schwarzem Grund
5. Übertragung	druckfeste Leitung, unmittelbar oder durch Druckmittler
6. Zeiger	selbstleuchtend, einfacher Zeigerumlauf

Einrichtungen

7. Überlastbarkeit	durch Anlegen der Röhrenfeder an einen Anschlag dreifache Belastung zulassig
8. Anschluß	A 4 + M 12 $\times$ 1,5 DIN 7606 und A 4 DIN 7608
9. Anzeige	Sollwerte durch selbstleuchtende, verstellbare Grenzmarken

Daten

10. Gewicht .... 0,17 kg
11. Meßbereich .... 0—10 kg/cm²
12. Kleinster Meßbereich
    ablesbar .... 0,1 kg/cm²
    abschätzbar .... 0,5 kg/cm²
13. Einbaumaße und Befestigung 4 Nietmuttern oder 4 Linsenkopfschrauben mit Federringen und Muttern M 4×15 DIN 84

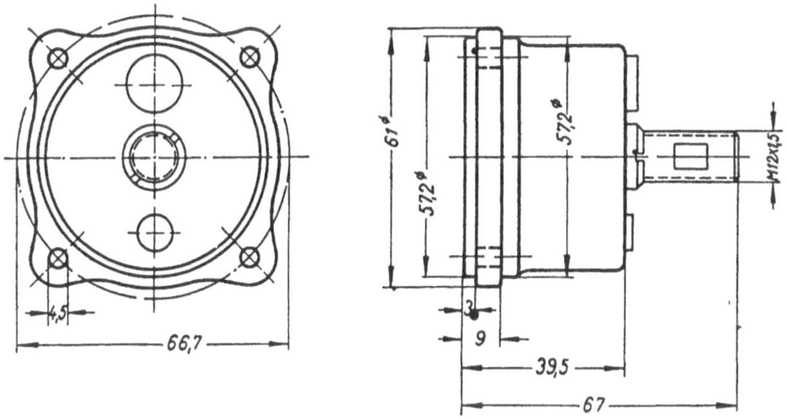

Abb. 28

ECKHARDT

Differenzdruckmesser E DKD 1[1]) (Fl. 20515)	Kraftstoff-Gebläse Differenzdruckmesser (Differenzdruckmessung s. Teil I/A II 2)

Abb. 29

Ausführung

1. Arbeitsweise	mechanisch, Übertragung der Drücke auf zwei Meßorgane mit Differentialhebelwerk
2. Gehäuse	zylindrisch, Preßstoff
3. Meßorgan	zwei Röhrenfedern
4. Zifferblatt	Teilung: je 0,1 oder 0,2 kg/cm², selbstleuchtende Teilstriche auf schwarzem Grund; Beschriftung: je 0,2 oder 0,4 kg/cm²
5. Übertragung	unmittelbar durch zwei druckfeste Leitungen
6. Zeiger	selbstleuchtend, einfacher Zeigerumlauf

Einrichtungen

7. Dämpfung	durch Drosselstifte in den Anschlüssen
8. Anschlüsse	zwei Anschlüsse M 12×1,5, A 4 DIN 7606/7608
9. Anzeige	Sollwerte durch verstellbare Grenzmarken

[1]) Fabrikation läuft aus.

Daten

10. Gewicht	0,27 kg
11. Meßbereich	0—1 oder 0—2 kg/cm²
12. Kleinster Meßbereich	
ablesbar	0,50 oder 0,1 kg/cm²
abschätzbar	0,025 oder 0,05 kg/cm²
13. Einbaumaße und Befestigung	4 Nietmuttern oder 4 Linsenkopfschrauben mit Federringen und Muttern M 4×15 DIN 84

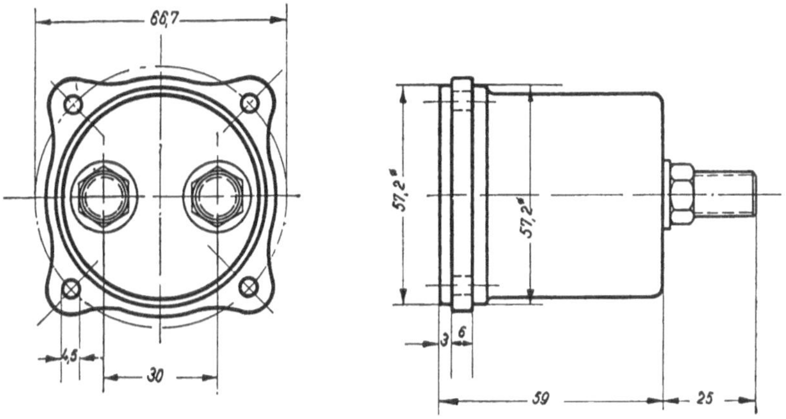

Abb. 30

ASKANIA

Ladedruckmesser Lpa 3—A (Fl. ohne)	Einfachdruckmesser (Ladedruckmessung s. Teil I/A II 3)

Abb. 31

Ausführung

1. Arbeitsweise	mechanisch, Übertragung des Druckes auf ein bewegliches Meßorgan
2. Gehäuse	zylindrisch, druckdichtes Leichtmetallgehäuse
3. Meßorgan..................	Membrandose
4. Zifferblatt..................	Teilung: je 0,1 ata (kg/cm²) selbstleuchtende Teilstriche auf schwarzem Grund
5. Übertragung	druckfeste Leitung an das Gehäuseinnere angeschlossen
6. Zeiger	selbstleuchtend, einfacher·Zeigerumlauf

Einrichtungen

7. Nullpunktsberichtigung......	durch Stellschraube, zugänglich nach Entfernen der Gehäuseverschlußschraube
8. Anschluß.........	M 12×1,5, DIN 7601
9. Temperaturausgleich	Membrandose mit Temperaturausgleich durch Bimetall.

Daten

10. Gewicht	0,6 kg
11. Meßbereich................	0,6—1,8 ata (kg/cm²)
12. Kleinster Meßbereich	
ablesbar	0,02 ata (kg/cm²)
abschätzbar....	0,01 ata (kg/cm²)
13. Einbaumaße und Befestigung	4 Nietmuttern oder 4 Linsenkopfschrauben mit Federringen und Muttern M 4 × 15, DIN 84

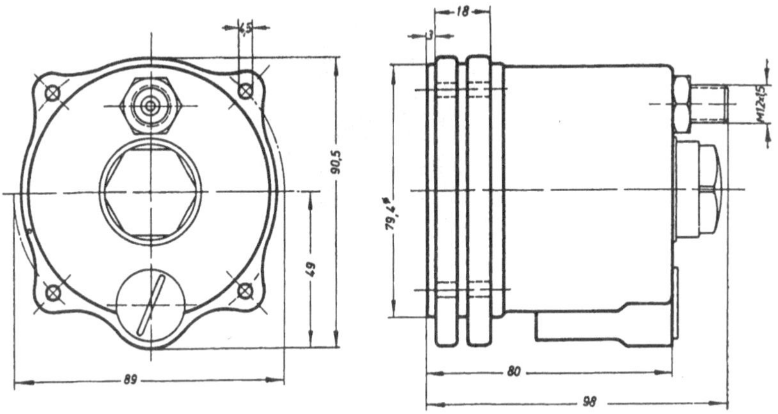

Abb 32

FUESS

Ladedruckmesser 18 b (Fl. ohne)	Einfachdruckmesser (Ladedruckmessung s. Teil I/A II 3)

Abb. 33

Ausführung

1. Arbeitsweise	mechanisch, Übertragung des Druckes auf ein bewegliches, höhenkompensiertes Meßorgan mit Differentialhebelwerk
2. Gehäuse	zylindrisch, Preßstoff
3. Meßorgan	zwei Membrandosensätze mit je zwei Dosen
4. Zifferblatt	Teilung: je 0,1 ata (kg/cm^2) selbstleuchtende Teilstriche auf schwarzem Grund; Bezifferung: je 0,2 ata (kg/cm^2)
5. Übertragung	druckfeste Leitung an einem Dosensatz angeschlossen
6. Zeiger	selbstleuchtend, einfacher Zeigerumlauf

Einrichtungen

7. Nullpunktsberichtigung......	durch Stellschraube, zugänglich nach Entfernen der Gehäuseverschlußschraube
8. Anschluß	M 12×1,5, DIN 7601
9. Temperaturausgleich	über den ganzen Anzeigebereich durch Bimetallstreifen im Hebelwerk

Daten

10. Gewicht	0,4 kg
11. Meßbereich	0,6—1,8 ata (kg/cm²)
ablesbar	0,02 ata (kg/cm²)
abschätzbar	0,01 ata (kg/cm²)
13. Einbaumaße und Befestigung	4 Nietmuttern oder 4 Linsenkopfschrauben mit Federringen und Muttern M 4×15, DIN 84

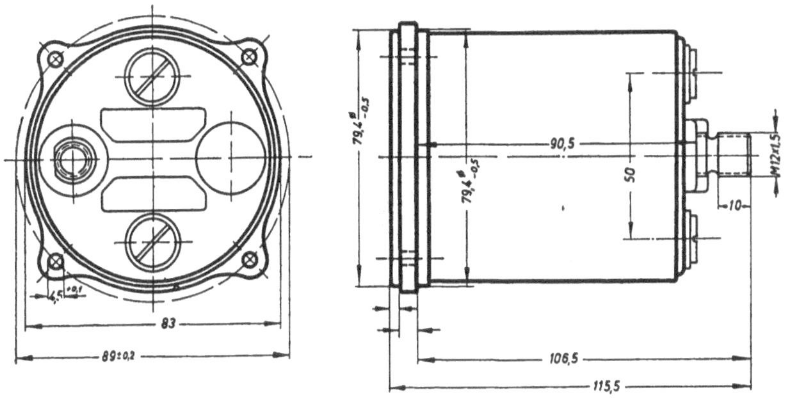

Abb. 34

LUFTFAHRTGERÄTEWERK HAKENFELDE

Kraftstoffdruck-Geber DGK 1/0,5; DGH 1/1; DGK 1/2 (Fl. 20561-1/-2)	Ferndruckmesser mit Einfach- oder Vierfach-Anzeigegerät (Elektr. Druckmessung s. Teil I/A II 4)

Abb. 35

Ausführung

1. Arbeitsweise	elektrisch, Siemens-Brückenkreuzspulschaltung mit Geberpotentiometer
2. Gehäuse	Leichtmetall
3. Stromsystem	24 V Bordnetz-Gleichstrom
4. Meßorgan (mechanisch)	Membrandose
(elektrisch)	Potentiometer mit Schleifer
5. Übertragung	dreiadrige Leitung
6. Anschluß....................	direkter Druckanschluß

Einrichtungen

7. Überlastbarkeit.............	durch Abfangen des Membranhubes dreifache Überlast zulassig
8. Anschlüsse (mechanisch)	Druckanschluß nach DIN 7613 (M 12×1,5)
(elektrisch)	dreipolige Gebersteckdose LGS 3 a
9. Zulässiger Temperaturbereich.	höchstzulässige Betriebstemperatur +60° C

Daten

	DGK 1/05	1/1	1/2
10. Gewicht	0,16 kg (ohne Steckdose)		
11. Meßbereich	0—0,5[1])	0—1	0—2 kg/cm²
12. Druckleitung	M 12×1,5		
13. Einbaumaße und Befestigung	4 Schrauben oder Schellen		

[1]) Dieser Meßbereich wird fur neue Gerate nicht mehr verwendet.

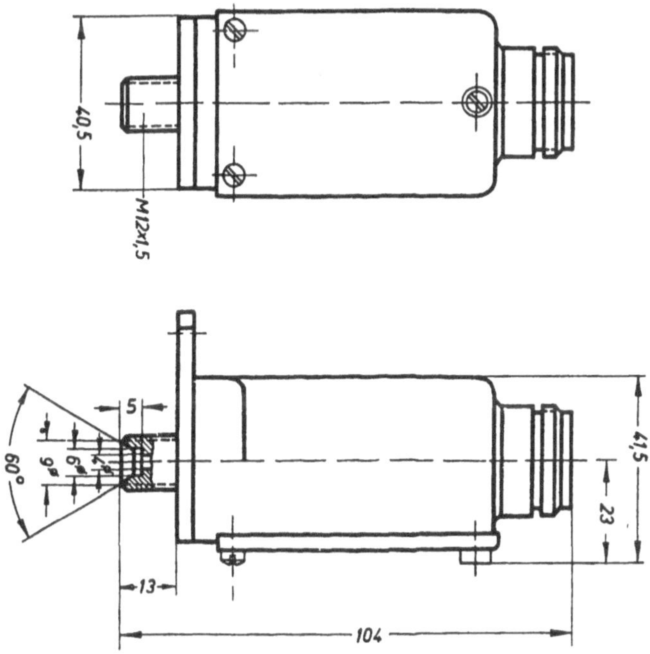

Abb. 36

LUFTFAHRTGERÄTEWERK HAKENFELDE

Kraftstoffdruck-Anzeigegerät DAK 1/0,5; DAK 1/1; DAK 1/2 (Zu Fl. 20561)	Ferndruckmesser (Elektr. Druckmessung s. Teil I/A II 4)

Abb. 37

Ausführung

	DAK 1/0,5	1/1	1/2
1. Arbeitsweise	elektrisch, Siemens-Brückenkreuzspulschaltung mit Geberpotentiometer		
2. Gehäuse	Preßstoff mit Eisenmantel		
3. Stromsystem	24 V Bordnetz-Gleichstrom		
4. Skalenausführung	Teilung: je 0,05	0,1	0,25 kg/cm²
	Selbstleuchtende Teilstriche auf schwarzem Grund;		
	Bezifferung: je 0,1	je 0,2	je 0,5 kg/cm²
5. Übertragung	dreiadrige Leitung		
6. Zeiger	selbstleuchtend, 80° Anzeigebereich		

Einrichtungen

7. Dämpfung .... Rähmchendämpfung und ruhige Anzeige durch Gewichts(Massen)-Ausgleich

8. Abschirmung .... Abschirmung gegen Kompaßbeeinflussung durch Eisenmantel

9. Zeigerdrehrichtung .... mit dem Uhrzeigersinn (mul)

Daten

	DAK 1/05	1/1	1/2
10. Gewicht	0,28 kg (ohne Steckdose)		
11. Meßbereich	0—0,5[1])	0—1	0—2 kg/cm^2
12. Kleinster Meßbereich			
ablesbar	0,05	0,1	0,2 kg/cm^2
abschätzbar	0,025	0,05	0,1 kg/cm^2
13. Einbaumaße und Befestigung	4 Nietmuttern oder 4 Linsenkopfschrauben mit Federringen und Muttern M 4×15, DIN 84		

[1]) Dieser Meßbereich wird für neue Geräte nicht mehr verwendet.

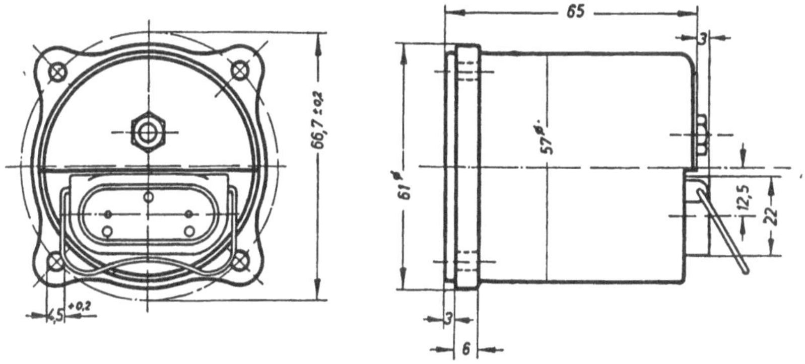

Abb. 38

LUFTFAHRTGERÄTEWERK HAKENFELDE

Schmierstoffdruckgeber DGS 1/10 und 1/15 (Fl. 20561—10)	Ferndruckmesser mit Einfach- oder Vierfach-Anzeigegerät (Elektr. Druckmessung s. Teil I/A II 4)

Abb. 39

Ausführung

1. Arbeitsweise	elektrisch, Siemens-Brückenkreuzspulschaltung mit Geberpotentiometer
2. Gehause	Leichtmetall (Druckdose: Stahl)
3. Stromsystem	24 V Bordnetz-Gleichstrom
4. Meßorgan (mechanisch)	Membranblech
(elektrisch)	Potentiometer mit Schleifer
5. Übertragung	dreiadrige Leitung
6. Anschluß	direkter Druckanschluß

Einrichtungen

7. Überlastbarkeit	durch Abfangen des Membranhubes dreifache Überlast zulässig
8. Anschlusse (mechanisch)	Druckanschluß nach DIN 7613 (M 12×1,5)
(elektrisch)	dreipolige Gebersteckdose LGS 3a
9. Zulässiger Temperaturbereich	höchstzulässige Betriebstemperatur +60° C

Daten

10. Gewicht	0,40 kg (ohne Steckdose)
11. Meßbereich	0—10 kg/cm² und 0—15 kg/cm²
12. Druckleitung	M 12×1,5
13. Einbaumaße und Befestigung	4 Schrauben oder Schellen

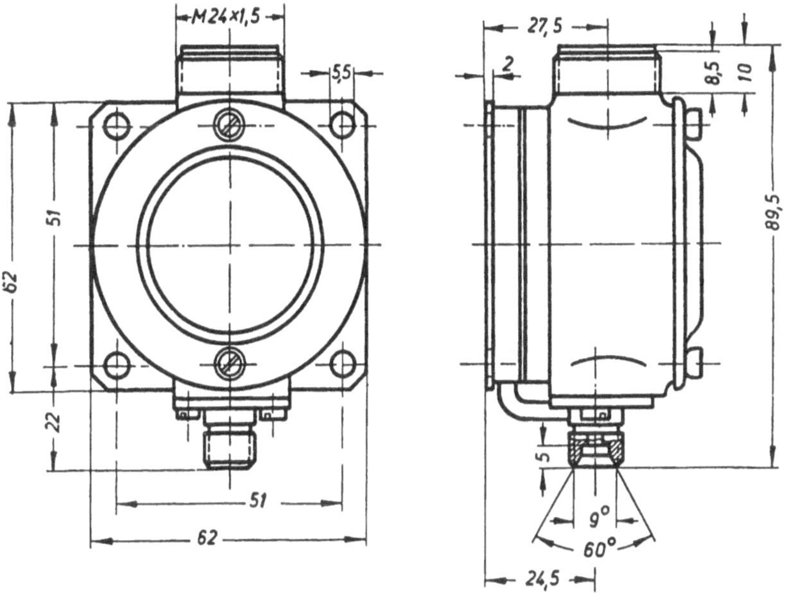

Abb. 40

LUFTFAHRTGERÄTEWERK HAKENFELDE

Schmierstoffdruck-Anzeigegerät DAS 1/10 und 1/15 (zu Fl. 20561)	Ferndruckmesser (Elektr. Druckmessung s. Teil I/AII 4)

Abb. 41

Ausführung

1. Arbeitsweise	elektrisch, Siemens-Brückenkreuzspulschaltung mit Geberpotentiometer
2. Gehäuse	Preßstoff mit Eisenmantel
3. Stromsystem	24 V Bordnetz-Gleichstrom
4. Skalenausführung...........	Teilung: je 1 kg/cm²; selbstleuchtende Teilstriche auf schwarzem Grund; Bezifferung: 0, 2, 6, 10 kg/cm²
5. Übertragung	dreiadrige Leitung
6. Zeiger	selbstleuchtend, 80° Anzeigebereich

Einrichtungen

7. Dämpfung	Rähmchendämpfung und ruhige Anzeige durch Gewichts-(Massen)Ausgleich
8. Abschirmung	Abschirmung gegen Kompaßbeeinflussung durch Eisenmantel
9. Zeigerdrehrichtung..........	mit dem Uhrzeigersinn (mul)

Daten

10. Gewicht	0,28 kg (ohne Steckdose)
11. Meßbereich	0—10 kg/cm^2 (und 0—15 kg/cm^2)
12. Kleinster Meßbereich	
ablesbar	1 kg/cm^2
abschätzbar	0,5 kg/cm^2
13. Einbaumaße und Befestigung	4 Nietmuttern oder 4 Linsenkopfschrauben mit Federringen und Muttern, M 4×15, DIN 84

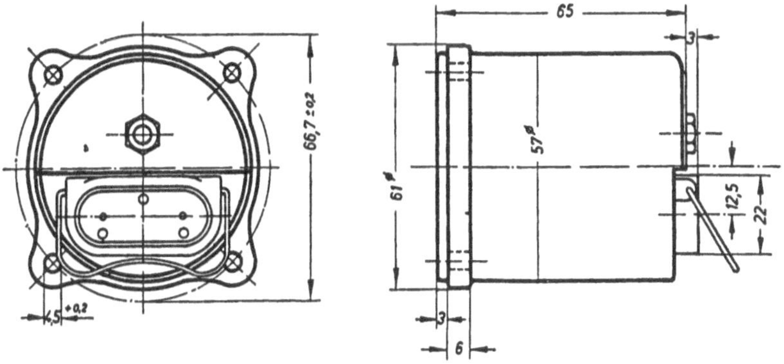

Abb. 42

ECKARDT

Druckgeber für Kraftstoff und Schmierstoff DFA 1/3/10/15 (Fl. 20571–1/3/10/15)	Ferndruckmesser mit Einfach-, Zweifach- oder Vierfach-Anzeigegerät (Elektr. Druckmessung, s. Teil I/A II 4)

Abb. 43

Ausführung

1. Arbeitsweise	elektrisch, Patin-Brückendrehspulschaltung mit Geberpotentiometer
2. Gehäuse	zylindrisch, Leichtmetall
3. Stromsystem	24 V Bordnetz-Gleichstrom
4. Meßorgan (mechanisch)	Druckfeder mit Balg
(elektrisch)	Potentiometer mit Schleifkontakt
5. Übertragung	dreiadrige Leitung
6. Anschluß....................	direkter Druckanschluß

Einrichtungen

7. Überlastbarkeit.............	durch Begrenzung des Federhubes zwei- bis dreifache Druckuberlastung zulässig
8. Anschlüsse (mechanisch).....	Druckanschluß nach DIN 7613, M $12 \times 1{,}5$
(elektrisch)	dreipolige Gebersteckdose LGS 3a (M $24 \times 1{,}5$)
9. Zulässiger Temperaturbereich.	höchstzulassige Betriebstemperatur $+80^0$

Daten

10. Gewicht	0,255 kg (ohne Steckdose)	
11. Meßbereich	Kraftstoff	Schmierstoff
	0—1 kg/cm²	0—10 kg/cm²
	0—3 kg/cm²	0—15 kg/cm²
12. Druckleitung	M 12×1,5	
13. Einbaumaße und Befestigung	geeignete Spannschelle der Halterungsstelle angepaßt	

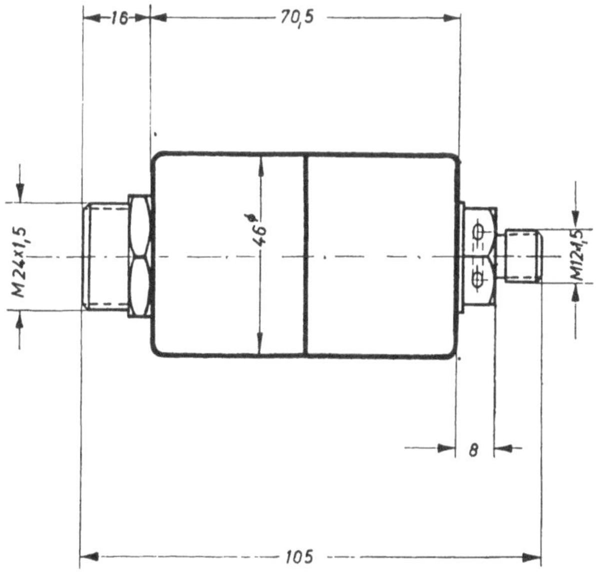

Abb. 44

ECKARDT

Schmierstoffdruck-Anzeigegerät[1]) EP 57/1301 (Fl. ohne)	Ferndruckmesser (Elektr. Druckmessung, s. Teil I/A II5)

Abb. 45

Ausführung

1. Arbeitsweise	elektrisch, Patin-Drehspulschaltung mit Geber- und Anzeigerpotentiometer
2. Gehäuse	zylindrisch, Leichtmetall
3. Stromsystem	24 V Bordnetz-Gleichstrom
4. Skalenausführung...........	Teilung: je 1 kg/cm^2; Bezifferung: je 2 kg/cm^2; selbstleuchtend auf schwarzem Grund
5. Übertragung	dreiadrige Leitung
6. Zeiger	selbstleuchtend, 270^0 Anzeigebereich

Einrichtungen

7. Dämpfung	ruhige Anzeige durch Gewichts-(Massen)Ausgleich
8. Abschirmung...............	Abschirmung gegen Kompaßbeeinflussung durch Weicheisenmantel um den Dauermagneten
9. Zeigerdrehrichtung..........	mit dem Uhrzeigersinn (mul)

[1]) Gilt heute bereits durch die elektrischen Mehrfachgerate von Eckardt und deren Bauausfuhrung als überholt.

Daten

10. Gewicht	0,318 kg
11. Meßbereich	0—10 kg/cm²
12. Kleinster Meßbereich	
ablesbar	1 kg/cm²
abschätzbar	0,1 kg/cm²
13. Einbaumaße und Befestigung	4 Nietmuttern oder 4 Linsenkopfschrauben mit Federringen und Muttern, M 4×15, DIN 84

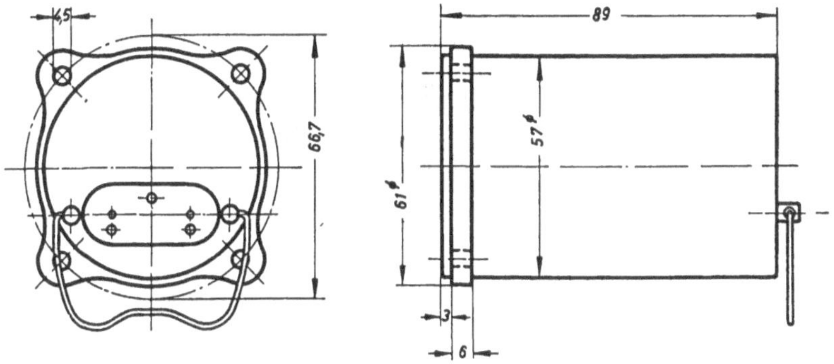

Abb. 46

ECKARDT

Kraftstoff- und Schmierstoff-druckmesser EDKS 1 (Fl. 20512-1, 20512-2)	Doppeldruckmesser für eine Kraftstoff- und eine Schmierstoffdruckanzeige (Einfache Druckmessung, s. Teil I/AII 5)

Abb. 47

Ausführung

1. Arbeitsweise	mechanisch, Übertragung der Drücke auf zwei bewegliche Meßorgane
2. Gehäuse	zylindrisch, Preßstoff
3. Meßorgan	zwei Röhrenfedern
4. Zifferblatt	Teilung: je 0,1 und 1 kg/cm² oder je 0,2 und 1 kg/cm²; Bezifferung: Anfangs- und Endwert selbstleuchtend auf schwarzem Grund
5. Übertragung	zwei druckfeste Leitungen, unmittelbar oder durch Druckmittler
6. Zeiger	zwei Zeiger selbstleuchtend, je ein halber Zeigerumlauf

Einrichtungen

7. Überlastbarkeit	durch Anlegen der Röhrenfedern am Gehäuse dreifache Belastung zulässig
8. Anschlüsse	A 4 + M 12×1,5, DIN 7606 und A 4 DIN 7608
9. Anzeige	Sollwerte durch selbstleuchtende verstellbare Grenzmarken

Daten

10. Gewicht	0,255 kg
11. Meßbereich	0—1 und 0—10 kg/cm² oder 0—2 und 0—10 kg/cm²
12. Kleinster Meßbereich	
ablesbar	0,1 oder 0,2 und 1 kg/cm²
abschätzbar	0,05 oder 0,1 und 0,5 kg/cm²
13. Einbaumaße und Befestigung	4 Nietmuttern oder 4 Linsenkopfschrauben mit Federringen und Muttern M 4×15, DIN 84

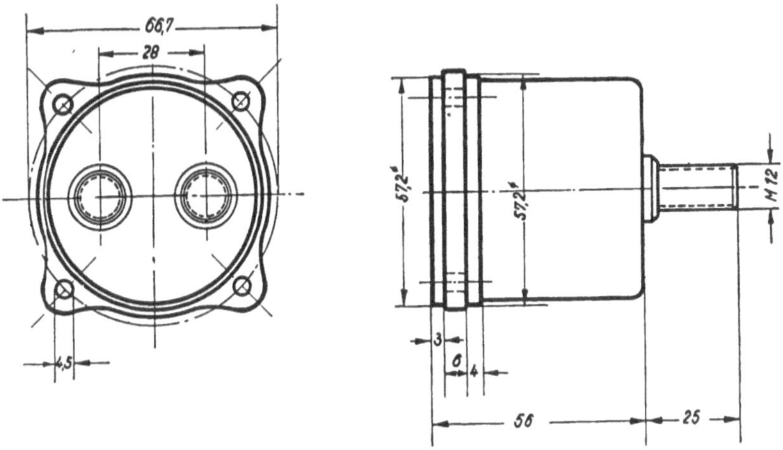

Abb. 48

MAXIMALL

Schmierstoffdruckmesser D 0201 [1]) (Fl. 20510)	Doppeldruckmesser für zwei Schmierstoffdruckanzeigen (Einfache Druckmessung, s. Teil I/A II 5)

Abb. 49

Ausführung

1. Arbeitsweise .... mechanisch, Übertragung der Drücke auf zwei bewegliche Meßorgane
2. Gehäuse .... zylindrisch, Preßstoff
3. Meßorgan.................. zwei Rohrenfedern
4. Zifferblatt................ Teilung: je 1 kg/cm²; Bezifferung: Anfangs- und Endwert selbstleuchtend auf schwarzem Grund
5. Übertragung .... zwei druckfeste Leitungen, unmittelbar oder durch Druckmittler
6. Zeiger .... zwei Zeiger selbstleuchtend, je ein halber Zeigeiumlauf

Einrichtungen

7. Überlastbarkeit............ duich Anlegen der Rohrenfedern an Anschlägen Überlasten bis 30 kg/cm² zulassig
8. Anschlusse................ B 4 + M 12×1,5 DIN 7606
9. Anzeige .... Sollwerte durch selbstleuchtende, verstellbare Grenzmarken

1) Fabrikation läuft aus.

Daten

10. Gewicht	0,245 kg
11. Meßbereich	2×0—10 kg/cm²
12. Kleinster Meßbereich	
ablesbar	1 kg/cm²
abschätzbar	0,5 kg/cm²
13. Einbaumaße und Befestigung	4 Nietmuttern oder 4 Linsenkopfschrauben mit Federringen und Muttern M 4×15, DIN 84

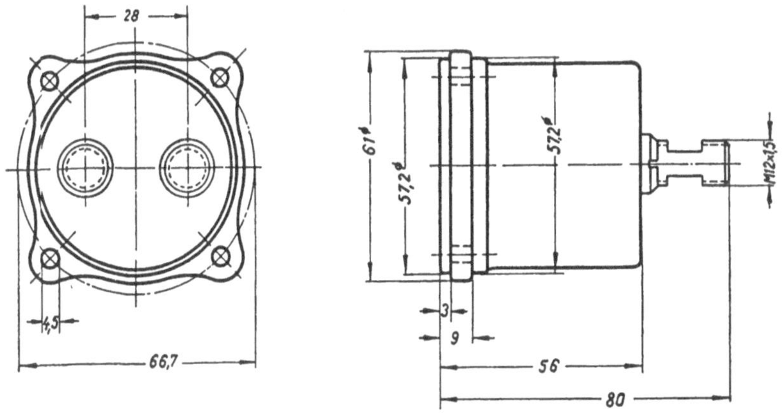

Abb. 50

MAXIMALL

Kraftstoff- und Schmierstoffdruckmesser DKS 1/2/3 (Fl. 20512–1/2/3)	Doppeldruckmesser für eine Kraftstoff- und eine Schmierstoffdruckanzeige (Einfache Druckmessung, s. Teil I/A II 5)

Abb. 51

Ausführung

1. Arbeitsweise	mechanisch, Übertragung der Drucke auf zwei bewegliche Meßorgane
2. Gehäuse	zylindrisch, Preßstoff
3. Meßorgan	zwei Röhrenfedern
4. Zifferblatt	Teilung: DKS 1 DKS 2 DKS 3 Krftstff. 0,05 0,1 0,1 kg/cm² Schmstff. 1 1 1 kg/cm² Bezifferung: Anfangs- und Endwert selbstleuchtend auf schwarzem Grund
5. Übertragung	zwei druckfeste Leitungen, unmittelbar oder durch Druckmittler
6. Zeiger	zwei Zeiger selbstleuchtend, je ein halber Zeigerumlauf

Einrichtungen

7. Überlastbarkeit	durch Anlegen der Röhrenfedern an Anschlägen zulässig für die Meßbereiche bis 1, 2, 3, 10, 15 kg/cm²; Überlasten bis 2, 5, 6, 30, 45 kg/cm²
8. Anschlüsse	B 4 + M 12×1,5 DIN 7606
9. Anzeige	Sollwerte durch selbstleuchtende, verstellbare Grenzmarken

Daten

		DKS 1	DKS 2	DKS 3	
10. Gewicht			0,240 kg		
11. Meßbereich	Krftstff.:	0—1	0—2	0—3	kg/cm²
	Schmstff.:	0—10	0—10	0—15	kg/cm²
12. Kleinster Meßbereich					
ablesbar		0,05 u. 1	0,1 u. 1	0,1 u. 1	kg/cm²
abschätzbar		0,025 u. 0,5	0,05 u. 0,5	0,05 u. 0,5	kg/cm²
13. Einbaumaße und Befestigung	4 Nietmuttern oder 4 Linsenkopfschrauben mit Federringen und Muttern M 4—15, DIN 84				

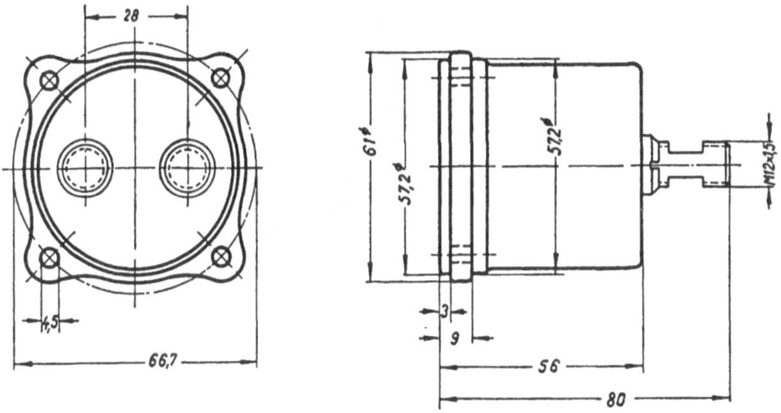

Abb. 52

ECKARDT

Kraftstoff- und Schmierstoff-druckmesser EDV 1, 2, 3 (Fl. 20513-1, 20514-3/4)	Vierfachdruckmesser für Kraftstoff- und Schmierstoff-druckanzeigen (Einfache Druckmessung, s. Teil I/A II 5)

Abb. 53

Ausführung

		EDV 1	EDV 2	EDV 3	
1. Arbeitsweise	mechanisch, Übertragung von vier verschiedenen Drücken auf vier bewegliche Meßorgane				
2. Gehäuse	zylindrisch, Preßstoff				
3. Meßorgan	vier Röhrenfedern				
4. Zifferblatt	Teilung: je	0,1	0,1	0,1	kg/cm^2
	und	0,01	0,01	0,02	kg/cm^2
	Bezifferung:	0, 0,5, 1	0, 0,5, 1	0, 1, 2	kg/cm^2
	und	0, 4, 8	0, 5, 10	0, 5, 10	kg/cm^2
	und			0, 5	kg/cm^2
	selbstleuchtend auf schwarzem Grund				
5. Übertragung	vier druckfeste Leitungen unmittelbar oder durch Druckmittler				
6. Zeiger	vier Zeiger mit getrennten Zeigerachsen, selbstleuchtend, je ein Viertel-Zeigerumlauf				

Einrichtungen

7. Überlastbarkeit	durch Anlegen der Röhrenfedern am Gehäuse bis dreifache Belastung zulässig
8. Anschlüsse	A 4 + M 12×1,5 DIN 7606 und A 4 DIN 7608
9. Anzeige	Sollwerte durch selbstleuchtende verstellbare Grenzmarken

Daten

	EDV 1	EDV 2	EDV 3
10. Gewicht		0,420 kg	
11. Meßbereich	1×0—8 2×0—5 1×0—1	2×0—1 2×0—10	2×0—2 kg/cm² 2×0—10 kg/cm²
12. Kleinster Meßbereich			
ablesbar		0,1 und 0,01 kg/cm²	
abschatzbar		0,05 und 0,005 kg/cm²	
13. Einbaumaße und Befestigung	4 Nietmuttern oder 4 Linsenkopfschrauben mit Federringen und Muttern M ×15 DIN 84		

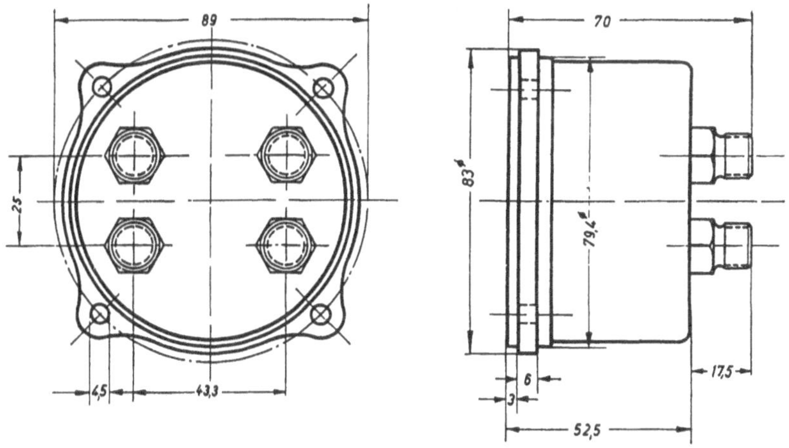

Abb. 54

MAXIMALL

Kraftstoff- und Schmierstoff-druckmesser DV 1 (Fl. 20513)	Vierfachdruckmesser für Kraftstoff- und Schmierstoffdruckanzeigen (Einfache Druckmessung, s. Teil I/A II 5)

Abb. 55

Ausführung

1. Arbeitsweise	mechanisch, Übertragung von vier verschiedenen Drucken auf vier bewegliche Meßorgane
2. Gehause	zylindrisch, Preßstoff
3. Meßorgan....................	vier Röhrenfedern
4. Zifferblatt..................	Teilung: je 0,1; 1 kg/cm² und 2×0,5 kg/cm² Bezifferung: jeweils der Anfangs- und Endwert selbstleuchtend auf schwarzem Grund
5. Übertragung	vier druckfeste Leitungen unmittelbar oder durch Druckmittler
6. Zeiger......................	vier Zeiger mit getrennten Zeigerachsen, selbstleuchtend, je ein Viertel-Zeigerumlauf

Einrichtungen

7. Überlastbarkeit	durch Anlegen der Röhrenfedern an Anschlägen zulassig für Meßbereich bis: 1, 5, 8 kg/cm² Überlasten bis: 2, 15, 20 kg/cm²
8. Anschlusse	B 4 + M 12×1,5 DIN 7606
9. Anzeige	Sollwerte durch selbstleuchtende verstellbare Grenzmarken

Daten

10. Gewicht	0,514 kg			
11. Meßbereich	0—1,	2×0—5,	0—8	kg/cm²
12. Kleinster Meßbereich				
ablesbar	0,1,	0,5,	1	kg/cm²
abschätzbar	0,05,	0,25,	0,5	kg/cm²
13. Einbaumaße und Befestigung	4 Nietmuttern oder 4 Linsenkopfschrauben mit Federringen und Muttern M 4×15 DIN 84			

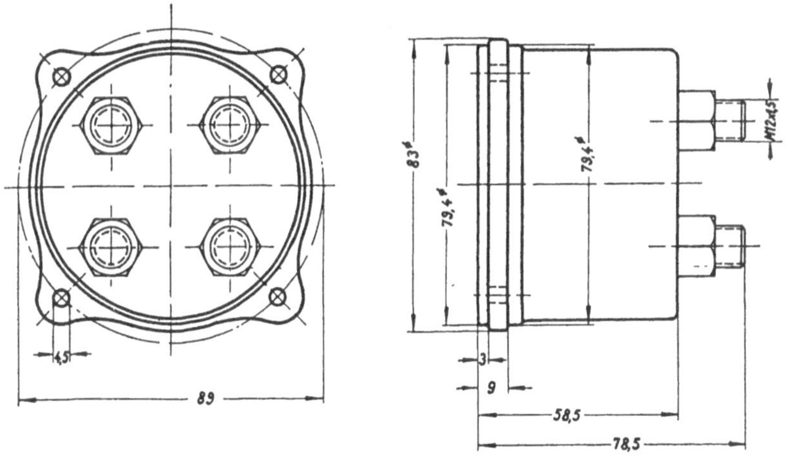

Abb. 56

MAXIMALL

Kraftstoff- und Schmierstoffdruckmesser DV 2/3/4 (Fl. 20514–1/2/3)	Vierfachdruckmesser für zwei Kraftstoff- und zwei Schmierstoffdruckanzeigen (Einfache Druckmessung, s. Teil I/A II 5)

Abb. 57

Ausführung

	DV 2	DV 3	DV 4

1. Arbeitsweise .... mechanisch, Übertragung von vier verschiedenen Drucken auf vier bewegliche Meßorgane
2. Gehäuse .... zylindrisch, Preßstoff
3. Meßorgan .... vier Rohrenfedern
4. Zifferblatt .... Teilung: 0,1 u. 1   0,2 u. 1   0,2 u. 1 kg/cm² Bezifferung: jeweils der Anfangs- und Endwert selbstleuchtend auf schwarzem Grund
5. Übertragung .... vier druckfeste Leitungen unmittelbar oder durch Druckmittler
6. Zeiger .... vier Zeiger mit getrennten Zeigerachsen, selbstleuchtend, je ein Viertel-Zeigerumlauf

Einrichtungen

7. Überlastbarkeit	durch Anlegen der Röhrenfedern an Anschlägen zulässig fur Meßbereich bis: 1, 2, 3, 10, 15 kg/cm²; Überlasten bis: 2, 5, 6, 30, 45 kg/cm²
8. Anschlüsse	B 4 + M 12×1,5 DIN 7606
9. Anzeige	Sollwerte durch selbstleuchtende verstellbare Grenzmarken

Daten

	DV 2	DV 3	DV 4	
10. Gewicht		0,415 kg		
11. Meßbereich	2×0—1	2×0—2	2×0—3	kg/cm²
	2×0—10	2×0—10	2×0—15	kg/cm²
12. Kleinster Meßbereich				
ablesbar	0,1 u. 1	0,2 u. 1	0,2 u. 1	kg/cm²
abschätzbar	0,05 u. 0,5	0,1 u. 0,5	0,1 u. 0,5	kg/cm²
13. Einbaumaße und Befestigung	4 Nietmuttern oder 4 Linsenkopfschrauben mit Federringen und Muttern M 4×15 DIN 84			

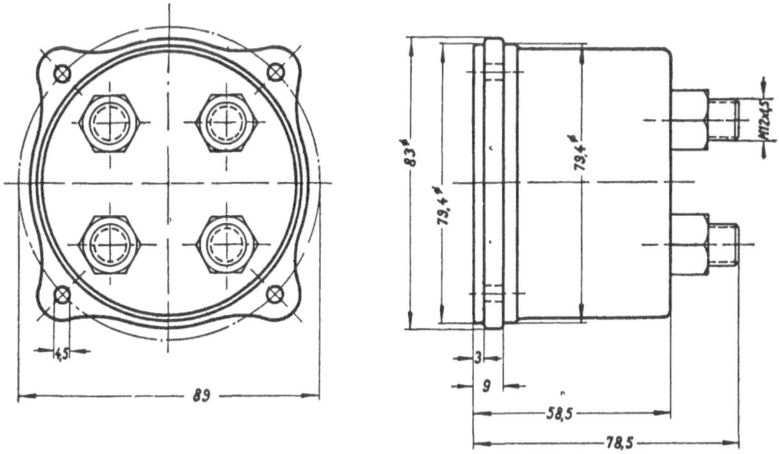

Abb. 58

ECKARDT

Differenzdruck- und Schmierstoffdruckmesser EDKDS 1
(Fl. 20517)

Doppeldruckmesser für eine Kraftstoff-Ladedruck-Differenzanzeige und eine Schmierstoffdruckanzeige
(Differenzdruckmessung, s. Teil I/AII 5)

Abb. 59

Ausführung

1. Arbeitsweise	mechanisch, Übertragung der Drücke auf drei bewegliche Meßorgane
2. Gehäuse	zylindrisch, Preßstoff
3. Meßorgan	drei Röhrenfedern
4. Zifferblatt	Differenzdruck / Schmierstoffdruck Teilung: je 0,1 kg/cm² oder 0,2 kg/cm² / je 1 kg/cm² Bezifferung: 0, 0,5, 1 kg/cm² oder 0, 1, 2 kg/cm² / 0, 5, 10 kg/cm² selbstleuchtend auf schwarzem Grund
5. Übertragung	drei druckfeste Leitungen, unmittelbar, für den Schmierstoff auch mittelbar durch Druckmittler
6. Zeiger	zwei Zeiger selbstleuchtend, je ein halber Zeigerumlauf

Einrichtungen

7. Überlastbarkeit u. Dämpfung	durch Anlegen der Röhrenfeder am Gehäuse dreifache Überlast für den Schmierstoffdruck zulässig. Dämpfung des Differenzdruckes durch Drosselstifte im Anschluß
8. Anschlüsse	A 4 + M 12×1,5 DIN 7606 und A 4 DIN 7608
9. Anzeige	Sollwerte durch selbstleuchtende verstellbare Grenzmarken

Daten

10. Gewicht	0,300 kg		
	Differenzdruck	Schmierstoffdruck	
11. Meßbereich	0—1 oder 0—2	0—10	kg/cm²
12. Kleinster Meßbereich			
ablesbar	0,1 oder 0,2	0,1	kg/cm²
abschätzbar	0,05 oder 0,1	0,05	kg/cm²
13. Einbaumaße und Befestigung	4 Nietmuttern oder 4 Linsenkopfschrauben mit Federringen und Muttern M 4×15 DIN 84		

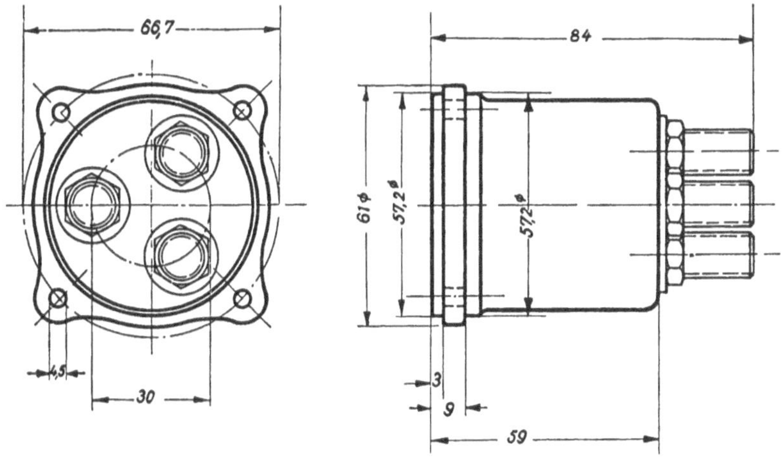

Abb. 60

FUESS

Ladedruckmesser 18 c	Doppeldruckmesser
(Fl. ohne)	(Ladedruckmessung, s. Teil I/A II 5)

Abb. 61

Ausführung

1. Arbeitsweise	mechanisch, Übertragung des Druckes auf zwei bewegliche, höhenkompensierte Meßorgane mit Differentialhebelwerk
2. Gehäuse	zylindrisch, Preßstoff
3. Meßorgan	zwei Membrandosensätze mit je zwei Dosen, ein Dreifachdosensatz für Höhenkorrektur
4. Zifferblatt	Teilung: je 0,1 ata (kg/cm²), selbstleuchtende Teilstriche auf schwarzem Grund; Bezifferung: je 0,2 ata (kg/cm²)
5. Übertragung	zwei druckfeste Leitungen
6. Zeiger	zwei Zeiger, selbstleuchtend, 2 × einfacher Zeigerumlauf

Einrichtungen

7. Nullpunktsberichtigung.....	durch zwei Stellschrauben, zugänglich nach Entfernen der Gehäuseverschlußschrauben
8. Anschluß..................	2 × M 12 × 1,5, DIN 7601
9. Temperaturausgleich	uber beide Anzeigebereiche durch Bimetallstreifen im Hebelwerk

Daten

10. Gewicht	0,43 kg
11. Meßbereich	0,6—1,8 ata (kg/cm²)
12. Kleinster Meßbereich	
ablesbar	0,02 ata (kg/cm²)
abschätzbar...............	0,1 ata (kg/cm²)
13. Einbaumaße und Befestigung	4 Nietmuttern oder 4 Linsenkopfschrauben mit Federringen und Muttern M 4×15, DIN 84

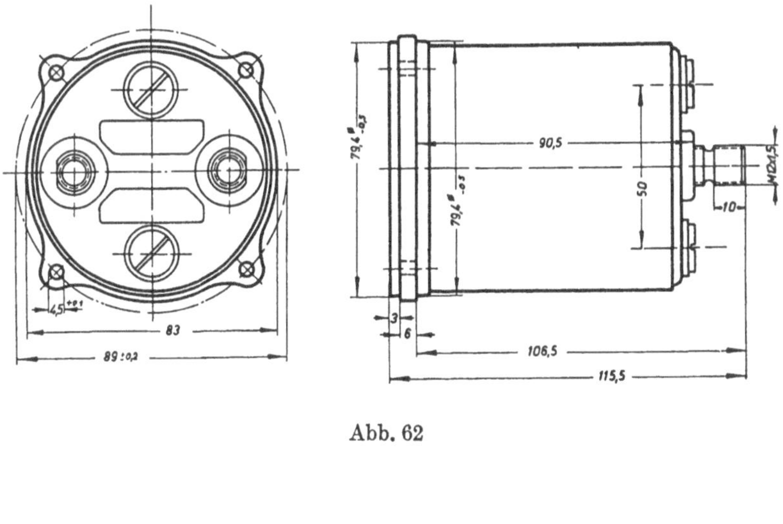

Abb. 62

LUFTFAHRTGERÄTEWERK HAKENFELDE

Kraftstoff- und Schmierstoff-druckanzeigegerät EV 2—D (Fl. 20560)	Ferndruckmesser, Vierfach-anzeigegerät (Elektr. Druckmessung, s. Teil I/A II 5)

Abb. 63

Ausführung

1. Arbeitsweise	elektrisch, Siemens-Brückenkreuzspulschaltung mit Geberpotentiometer
2. Gehäuse	Preßstoff mit Eisenmantel
3. Stromsystem	24 V Bordnetz-Gleichstrom
4. Skalenausfuhrung...........	Teilung: 2× je 0,2 und 2 je 1 kg/cm²; Bezifferung: 0, 1, 2 und 0, 5, 10 kg/cm², selbstleuchtend auf schwarzem Grund
5. Übertragung	zwölfadrige Leitung (Steckdose LIS 12 b)
6. Zeiger.....................	selbstleuchtend, 80° Anzeigebereich

Einrichtungen

7. Dämpfung	Rähmchendämpfung und ruhige Anzeige durch Gewichts-(Massen)Ausgleich
8. Abschirmung...............	Abschirmung gegen Kompaßbeeinflussung durch Eisenmantel
9. Zeigerdrehrichtung..........	linke Seite entgegen dem Uhrzeigersinn (edul), rechte Seite mit dem Uhrzeigersinn (mul)

Daten

10. Gewicht	0,66 kg (ohne Steckdose)
11. Meßbereich[1])	2×0—2 kg/cm² 2×0—10 kg/cm²
12. Kleinster Meßbereich	
ablesbar	0,2 und 1 kg/cm²
abschätzbar	0,1 und 0,5 kg/cm²
13. Einbaumaße und Befestigung	4 Nietmuttern oder 4 Linsenkopfschrauben mit Federringen und Muttern, M 4×15, DIN 84

---

1) Andere Meßbereiche nach Bestellung.

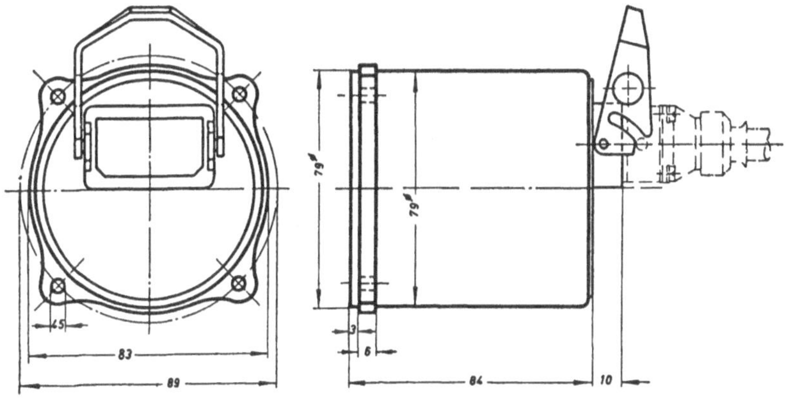

Abb. 64

LUFTFAHRTGERÄTEWERK HAKENFELDE

Druck- und Temperatur-Anzeigegerät EV 1—M (Fl. ohne)	Ferndruck- und Ferntemperaturmesser, Vierfachanzeigegerät (Elektr. Druck- und Temperaturmessung, s. Teil I/A II 5)

Abb. 65

Ausführung

1. Arbeitsweise	elektrisch, Siemens-Bruckenkreuzspulschaltung mit Geberpotentiometer bzw. Widerstandsgeber
2. Gehäuse	Preßstoff mit Eisenmantel
3. Stromsystem	24 V Bordnetz-Gleichstrom
4. Skalenausfuhrung	Teilung: je 10° C je 0,25 u. je 1 kg/cm²;
	Bezifferung: .0, 0,5, 1, 1,5, 2 kg/cm²
	0, 2, 4, 6,8, 10 kg/cm²
5. Übertragung	zwölfadrige Leitung (Steckdose LIS 12 b)
6. Zeiger	selbstleuchtend, 80° Anzeigebereich

Einrichtungen

7. Dämpfung	Rähmchendämpfung und ruhige Anzeige durch Gewichts(Massen)Ausgleich
8. Abschirmung	Abschirmung gegen Kompaßbeeinflussung durch Eisenmantel
9. Zeigerdrehrichtung	linke Seite entgegen dem Uhrzeigersinn (edul), rechte Seite mit dem Uhrzeigersinn (mul)

Daten

10. Gewicht	0,660 kg (ohne Steckdose)
11. Meßbereich[1])	2×0—120° C 1×0—2 kg/cm^2 1×0—10 kg/cm^2
12. Kleinster Meßbereich	
ablesbar	10° C u. 0,25 u. 1 kg/cm^2
abschätzbar	5° C u. 0,1 u. 0,5 kg/cm^2
13. Einbaumaße und Befestigung	4 Nietmuttern oder 4 Linsenkopfschrauben mit Federringen und Muttern, M 4×15, DIN 847

---

[1]) Andere Meßbereiche nach Bestellung.

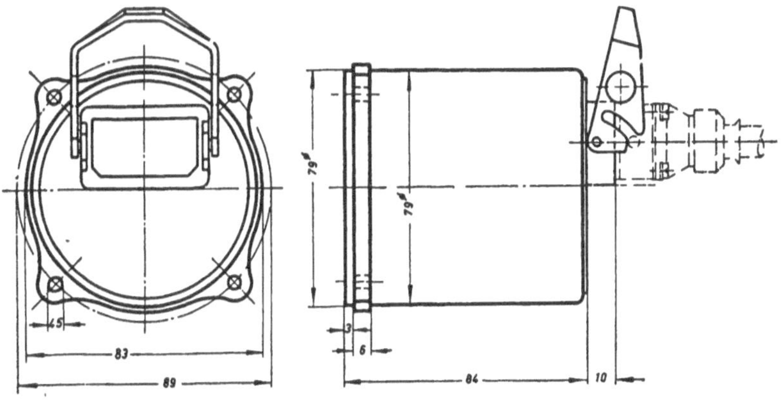

Abb. 66

ECKARDT

Kraftstoff- und Schmierstoffdruckanzeigegerät EP a (Fl. 20570, 20572, 20573)	Ferndruckmesser, Zweifachanzeigegerät (Elektr. Druckmessung, s. Teil I/A II 5)

Abb. 67

Ausführung

1. Arbeitsweise .... elektrisch, Patin-Drehspulschaltung mit Geber- und Anzeigerpotentiometer
2. Gehäuse .... zylindrisch, Spezial-Spritzguß
3. Stromsystem .... 24 V Bordnetz-Gleichstrom, Leistungsbedarf je Meßwerk 1 Watt
4. Skalenausführung........... Teilung: je 0,2 oder je 1 kg/cm^2
   Bezifferung: Anfangs- und Endwerte selbstleuchtend auf schwarzem Grund
5. Übertragung .... vieradrige Leitung, List-Steckdose El 32110–1
6. Zeiger..................... selbstleuchtend, 180^0 Anzeigebereich mit einstellbaren, selbstleuchtenden Bereichsmarken

Einrichtungen

7. Bauausführung............. vollkommen getrennte, auswechselbare Einzelmeßwerke
8. Abschirmung............... Abschirmung gegen Kompaßbeeinflussung durch Weicheisenmantel um den Kernmagneten
9. Zeigerdrehrichtung.......... linke Seite mit dem Uhrzeigersinn (mul), rechte Seite entgegen dem Uhrzeigersinn (edul)

Daten

10. Gewicht	0,200 kg
11. Meßbereich	2×0—3 oder 2×0—15 oder 1×0—3 u. 1×0 bis 10 kg/cm²
12. Kleinster Meßbereich	
ablesbar	0,2 und 1 kg/cm²
abschätzbar	0,1 und 0,5 kg/cm²
13. Einbaumaße und Befestigung	4 Nietmuttern oder 4 Linsenkopfschrauben mit Federringen und Muttern, M 4×15, DIN 84

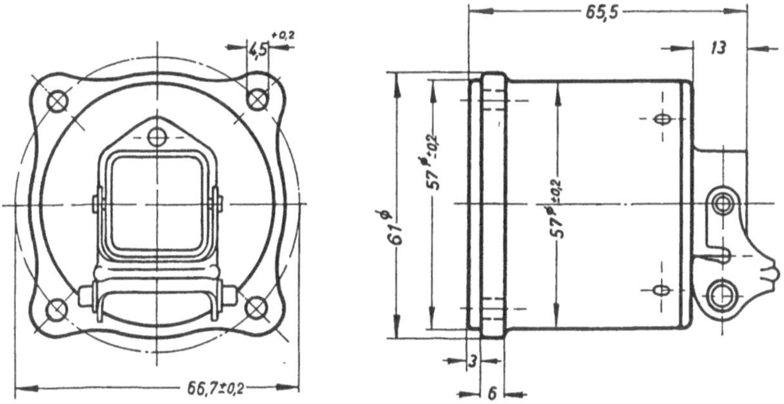

Abb. 68

ECKARDT

Druck- und Temperaturanzeigegerät EP a (Fl. 20680, 20681, 20682)	Ferndruck- und Ferntemperaturmesser, Vierfachanzeigegerät (Elektr. Druck- und Temperaturmessung, s. Teil I/A II 5)

Abb. 69

Ausführung

1. Arbeitsweise .... elektrisch, Patin-Drehspulschaltung mit Geber- und Anzeigerpotentiometer
2. Gehäuse .... zylindrisch, Spezial-Spritzguß
3. Stromsystem .... 24 V Bordnetz-Gleichstrom, Leistungsbedarf je Meßwerk etwa 1 Watt
4. Skalenausführung .... Teilung:

Teilung:	je 10°,	je 10°,	je 10°	C
	je 0,2,	je 0,2,	je 0,1	kg/cm²
und	je 1,	je 1,	je 1	kg/cm²

   Bezifferung: Anfangs- und Endwerte selbstleuchtend auf schwarzem Grund
5. Übertragung .... sechsadrige Leitung, sechspolige List-Steckdose Fl. 32110–1
6. Zeiger .... selbstleuchtend, 150° Anzeigebereich mit einstellbaren selbstleuchtenden Bereichsmarken

Einrichtungen

7. Bauausfuhrung	vollkommen getrennte, auswechselbare Einzelmeßwerke
8. Abschirmung	abschirmung gegen Kompaßbeeinflussung durch Weicheisenmantel um den Kernmagneten
9. Zeigerdrehrichtung	linke Seite entgegen dem Uhrzeigersinn (edul) rechte Seite mit dem Uhrzeigersinn (mul)

Daten

10. Gewicht			0,390 kg		
11. Meßbereich			2×0—130^0 C		
		0—3	0—3	0—1	kg/cm²
	und	0—15	0—10	0—10	kg/cm²
12. Kleinster Meßbereich ablesbaı		10^0	10^0	10^0	C
		0,2 u. 1	0,2 u. 1	0,1 u. 1	kg/cm²
abschätzbar		5^0	5^0	5^0	C
		0,1 u. 0,5	0,1 u. 0,5	0,05 u. 0,5	kg/cm²

13. Einbaumaße und Befestigung: 4 Nietmuttern oder 4 Linsenkopfschrauben mit Federringen und Muttern, M 4×15, DIN 84

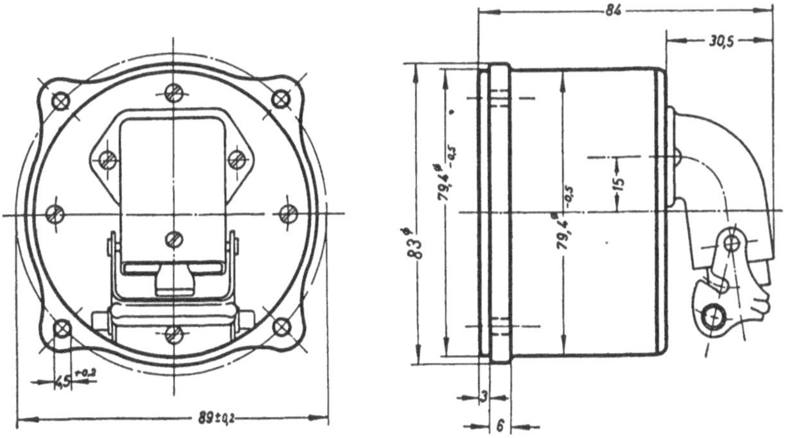

Abb. 70

MAXIMALL

Vorratsmesser DK/80 (Fl. 20720)	Mechanischer Vorratsmesser

Abb. 71

Ausführung

1. Arbeitsweise	Drallspindel-Schwimmer
2. Gehäuse	zylindrisch, Leichtmetall
3. Meßorgan	Korkschwimmer
4. Zifferblatt	Teilung und Bezifferung nach Bedarf, selbstleuchtend auf schwarzem Grund
5. Übertragung	unmittelbare Kupplung zwischen Drallstange und Zeiger
6. Zeiger	selbstleuchtend, einfacher Zeigerumlauf

Einrichtungen

7. Schwimmerwerk	Leichtmetallgehäuse mit zwangsläufig geführtem Schwimmer
8. Anschluß	flüssigkeitsdichte Verschraubung mit Betriebsstoffbehälter
9. Anzeige	nach besonderer Eichung für bestimmte Behälter

Daten

10. Gewicht	0,370 kg (ohne Schwimmrohr)
11. Meßbereich	nach Bestellung
12. Kleinster Meßbereich	Einteilung der Anzeigeskala nach Bestellung
13. Einbaumaße und Befestigung	mit besonderem, auf den Behälter aufgeschweißten Kopf

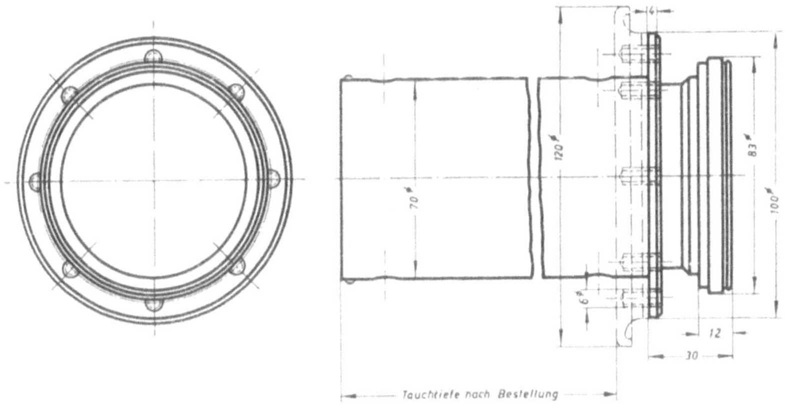

Abb. 72

MAXIMALL

Vorratsmesser (Fl. 20709)	Mechanischer Vorratsmesser

Abb. 73

Ausführung

1. Arbeitsweise	Faden-Schwimmer
2. Gehäuse	Leichtmetall
3. Meßorgan	Leichtmetallschwimmer
4. Zifferblatt	Teilung und Bezifferung nach Bedarf, selbstleuchtend auf schwarzem Grund
5. Übertragung	imprägnierter Faden in flussigkeitsdichter Leitung
6. Zeiger	selbstleuchtend, Zeigerumlauf nach Bedarf

Einrichtungen

7. Schwimmerwerk	freischwebender Schwimmer in besonderem Leichtmetallgehäuse, das mit dem Behälter flüssigkeitsdicht verschraubt wird
8. Fadenführung	in Leichtmetalleitung uber Rollenwinkelstücke RW 40/90
9. Anzeige	nach besonderer Eichung für bestimmten Behälter

Daten

10. Gewicht	Fadenschwimmer 0,210 kg
11. Meßbereich	nach Bestellung
12. Kleinster Meßbereich	Einteilung der Anzeigeskala nach Bestellung
13. Einbaumaße und Befestigung	4 Nietmuttern oder 4 Linsenkopfschrauben mit Federringen und Muttern, M 4×15, DIN 84

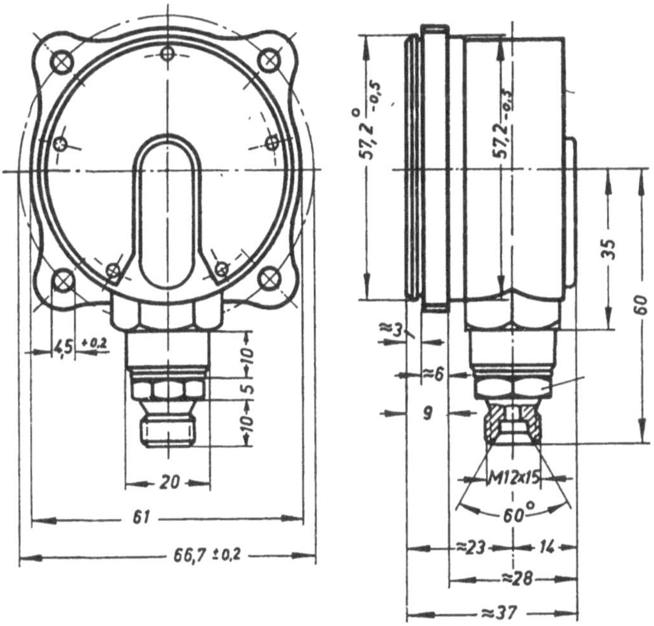

Abb. 74

MAXIMALL

Vorratsmesser-Pumpe LP 3 (Fl. 20742-1)	Pneumatischer Vorratsmesser

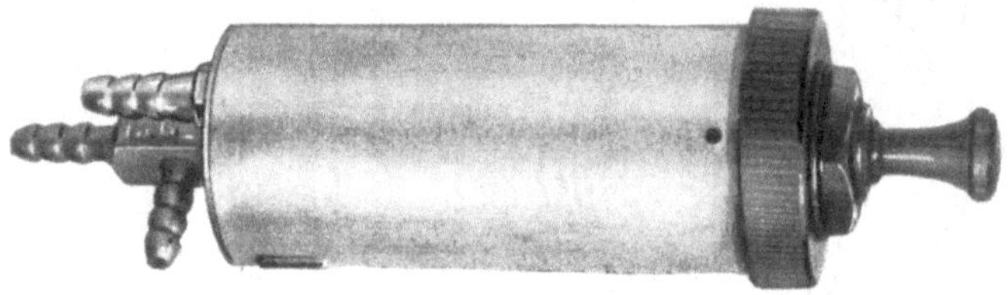

Abb. 75

Ausführung

1. Arbeitsweise	mechanisch, Luftdruckpumpe
2. Gehäuse	Leichtmetall
3. Betätigung	Zug-Handgriff
4. Arbeitskolben	Ledermanschette mit Gegenfeder
5. Übertragung	druckdichte Leitungen
6. Anschlüsse	Gummischlauch auf Schlauchtüllen

Einrichtungen

7. Druckregelung	Bohrung mit Absperrschraube
8. Luftzufuhr	Öffnungen im Pumpengehäuse und im Kolbensitz
9. Anschlüsse	eine Doppeltülle, eine Einfachtülle

Daten

10. Gewicht	0,160 kg
11. Meßbereich	bis 1200 mm Tauchtiefe des zugehörigen Tauchrohres
12. Druckleitung	M 6×1,5
13. Einbaumaße und Befestigung	durch Mutter am Pumpenkopf

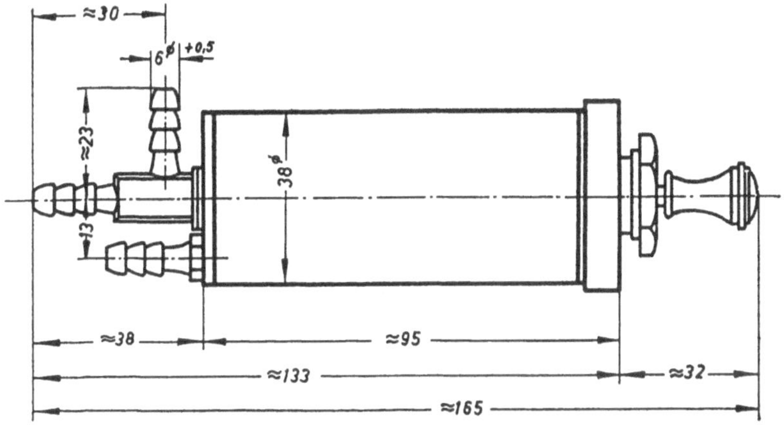

Abb. 76

MAXIMALL

Vorratsmesser-Steuerdruckventil MSV (Fl. 20752)	Pneumatischer Vorratsmesser

Abb. 77

Ausführung

1. Arbeitsweise .... mechanisch, Übertragung des Druckes auf ein bewegliches Meßorgan
2. Gehäuse .... Leichtmetallguß
3. Betätigung................ durch Pumpendruck
4. Meßorgan.................. Membranblech
5. Übertragung .... druckdichte Leitungen
6. Anschlüsse................ Gummischlauch auf Schlauchtullen

Einrichtungen

7. Drucksteuerung .... durch Federventil
8. Öffnungsdruck.............. 350—750 mm WS einstellbar
9. Anschlüsse................ zwei Schlauchtüllen

Daten

10. Gewicht	0,180 kg
11. Meßbereich	bis 1200 mm Tauchtiefe des zugehörigen Tauchrohres (5×1 mm)
12. Leitungslänge	bis 10 m
13. Einbaumaße und Befestigung	mit Sechskantmutter M 20×1,5 und Überwurfmutter M 12×1,5 (DIN 4601) und Dichtkegel A 6 (DIN 4602) für das Steigrohr

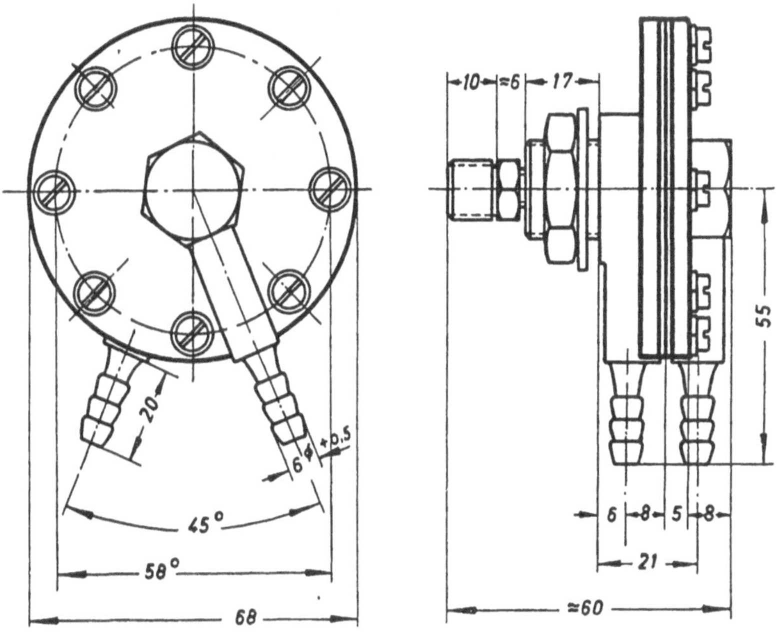

Abb. 78

MAXIMALL

Vorratsmesser-Anzeigegerät UA 1/57 (Fl. 20704)	Pneumatischer Vorratsmesser

Abb. 79

Ausführung

1. Arbeitsweise	mechanisch, Übertragung des Meßdruckes auf ein bewegliches Meßorgan
2. Gehäuse	zylindrisch, Preßstoff
3. Meßorgan	Doppelmembrandosensatz
4. Zifferblatt	Teilung und Bezifferung nach Bedarf, selbstleuchtend auf schwarzem Grund
5. Übertragung	eine druckdichte Leitung, eine Ausgleichleitung
6. Zeiger	selbstleuchtend, Zeigerumlauf nach Bedarf

Einrichtungen

7. Drucksteuerung	durch Steuerdruckventil
8. Anschlüsse	Gummischlauchverbindung auf zwei einfache Schlauchtüllen
9. Anzeige	nach besonderer Eichung auf bestimmten Behälter

Daten

10. Gewicht	0,140 kg
11. Meßbereich	nach Behältergröße bis 600 mm Tauchtiefe des zugehörigen Tauchrohres, Leitungslänge bis 6 m
12. Kleinster Meßbereich	Einteilung der Anzeigeskala nach Bestellung
13. Einbaumaße und Befestigung	4 Nietmuttern oder 4 Linsenkopfschrauben mit Federringen und Muttern, M 4×15, DIN 84

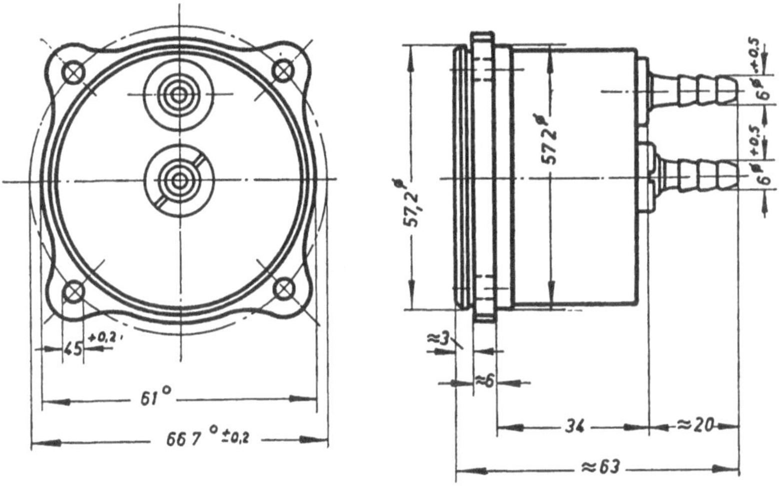

Abb. 80

MAXIMALL

Vorratsmesser-Anzeigegerät UA 1/80 (Fl. 20710)	Pneumatischer Vorratsmesser

Abb. 81

Ausführung

1 Arbeitsweise	mechanisch, Übertragung des Meßdruckes auf ein bewegliches Meßorgan
2. Gehäuse	zylindrisch, Preßstoff
3. Meßorgan	Doppelmembrandosensatz
4. Zifferblatt	Teilung und Bezifferung nach Bedarf, selbstleuchtend auf schwarzem Grund
5. Übertragung	eine druckdichte Leitung, eine Ausgleichleitung
6. Zeiger	selbstleuchtend, Zeigerumlauf nach Bedarf

Einrichtungen

7. Drucksteuerung	durch Steuerdruckventil
8. Anschlüsse	Gummischlauchverbindung auf zwei einfache Schlauchtüllen
9. Anzeige	nach besonderer Eichung auf bestimmten Behälter

Daten

10. Gewicht	0,200 kg
11. Meßbereich	nach Behältergröße bis 1200 mm Tauchtiefe des zugehörigen Tauchrohres, Leitungslänge bis 10 m
12. Kleinster Meßbereich	Einteilung der Anzeigeskala nach Bestellung
13. Einbaumaße und Befestigung	4 Nietmuttern oder 4 Linsenkopfschrauben mit Federringen und Muttern, M 4×15, DIN 84

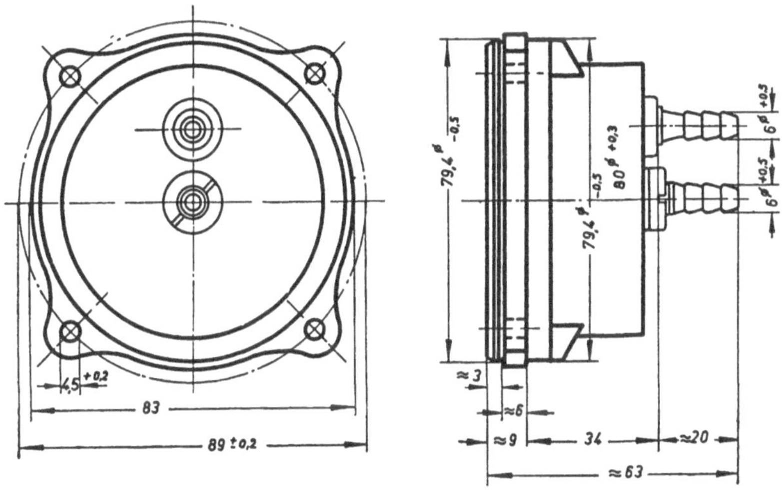

Abb. 82

HARTMANN & BRAUN

Vorratsgeber VG 2 k (Fl. 20727)	Elektrischer Vorratsmesser

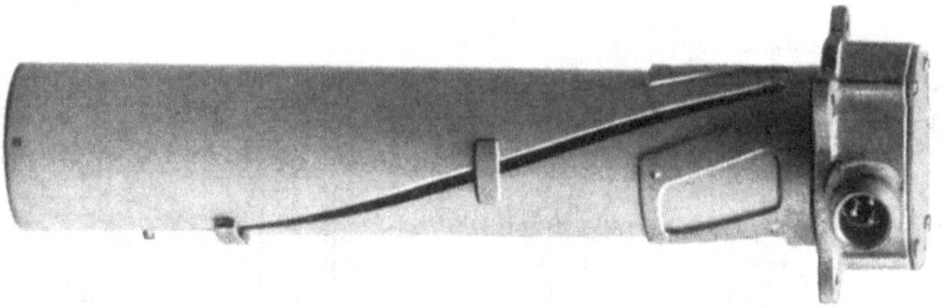

Abb. 83

Ausführung

1. Arbeitsweise	elektrisch, Kreuzspulschaltung mit Fernsender
2. Gehäuse	Leichtmetall
3. Stromsystem	24 V Bordnetz-Gleichstrom
4. Meßorgan (mechanisch)	Metallschwimmer
5. Übertragung	dreiadrige Leitung ....
6. Anschluß	unmittelbarer Einbau in den Betriebsstoffbehälter

Einrichtungen

7. Warneinrichtungen..........	Reststands- und Vollwarnanzeige durch besondere Warnlampen, die durch den Fernsender gesteuert werden
8. Kupplung..................	gasdichte magnetische Kupplung zwischen mechanischem Geber und Fernsender
9. Anschlüsse (Anzeiger)	dreipolige Gebersteckdose LGS 3a (Fl. 32628)
(Warneinrichtung)	zweipolige Steckdose LGS 2a (Fl. 32627)

Daten

10. Gewicht	0,430 kg bei 200 mm Eintauchlänge, je 0,07 kg mehr fur 100 mm Tauchlänge
11. Meßbereich	je nach Bestellung der Größe des zugehörigen Behälters entsprechend
12. Leistungsbedarf	24 V; 0,06 A; 1,5 Watt
13. Einbaumaße und Befestigung	4 Sechskantschrauben M 6 mit Dichtring auf einen im Behälter eingeschweißten Flansch

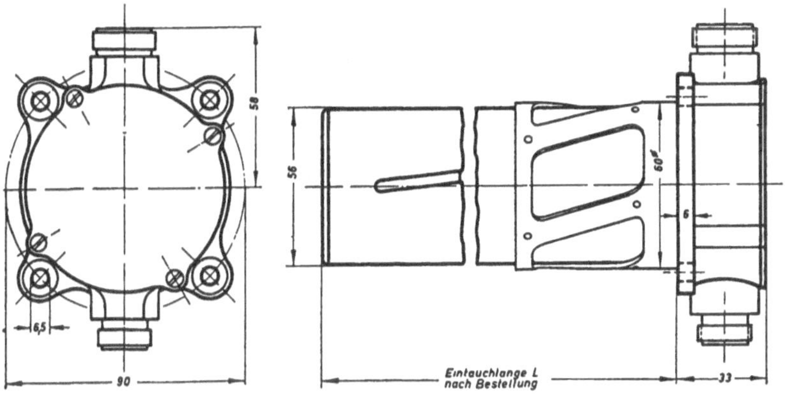

Abb. 84

HARTMANN & BRAUN

Vorrats-Anzeigegerät (Fl. 20723)	Elektrischer Vorratsmesser

Abb 85

Ausführung

1. Arbeitsweise	elektrisch, Kreuzspulmeßwerk
2. Gehäuse	zylindrisch, Preßstoff
3. Stromsystem	24 V Bordnetz-Gleichstrom
4. Skalenausführung	Teilstriche und Bezifferung nach Bestellung dem Behälterinhalt entsprechend, selbstleuchtend auf schwarzem Grund
5. Übertragung	dreiadrige Leitung
6. Zeiger	selbstleuchtend, 90° Anzeigebereich

Einrichtungen

7. Dämpfung	ruhige Anzeige durch Gewichts(Massen)Ausgleich
8. Abschirmung	Abschirmung gegen Kompaßbeeinflussung durch besondere Abschirmplatte und Eisenmantel
9. Zeigerdrehrichtung	mit dem Uhrzeigersinn (mul)

Daten

10. Gewicht	0,260 kg
11. Meßbereich	je nach Bestellung der Große des zugehörigen Behälters entsprechend
12. Leistungsbedarf	24 V; 0,06 A; 1,5 Watt
13. Einbaumaße und Befestigung	4 Nietmuttern oder 4 Linsenkopfschrauben mit Federringen und Muttern, M 4×15, DIN 84

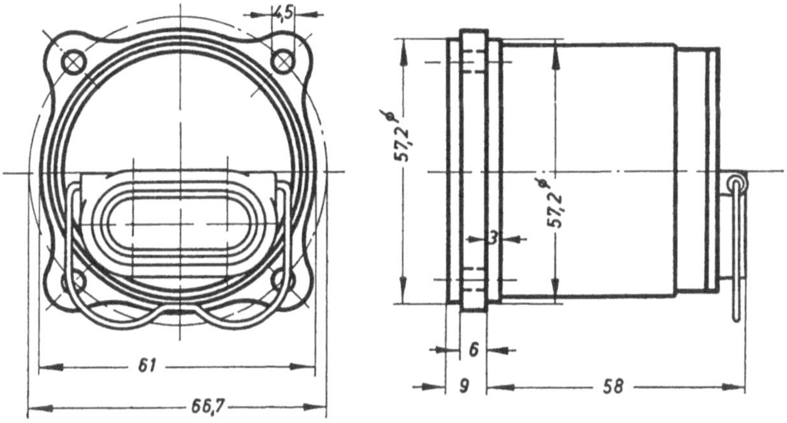

Abb. 86

ECKARDT

Ausdehnungstemperaturmesser TF 57/102 a (Fl. ohne)	Ferntemperaturmesser

Abb. 87

Ausführung

1. Arbeitsweise	mechanisch, Umwandlung des Temperatureinflusses in Druck mit Übertragung auf ein bewegliches Meßorgan
2. Gehäuse	zylindrisch, Preßstoff
3. Meßorgan..................	Wärmefühler und Röhrenfeder mit Quecksilberfullung
4. Zifferblatt	Teilung: je 30° C; Bezifferung: Anfangs- und Endwert und Teilstriche, selbstleuchtend auf schwarzem Grund
5. Übertragung	druckfeste, mit Ausdehnungsflüssigkeit gefüllte Leitung, die untrennbar mit dem Geber und Anzeigegerät verbunden ist
6. Zeiger.....................	selbstleuchtend, einfacher Zeigerumlauf

Einrichtungen

7. Übertragungsleitung	Stahlkapillare mit Gummiisolierung und Metallschutzschlauch
8. Wärmefühler...............	Stahlhülse mit Kupferüberzug als Rostschutz; mit Alba-Verschraubung
9. Leitungslängen	normal 1, 2, 3, 4, 6, 8, 10 und 12 m

Daten

10. Gewicht	0,50 kg einschl. 3 m Leitung (1 m Leitungslänge = 0,07 kg)
11. Meßbereich	30—180° C
12. Kleinster Meßbereich	
ablesbar	5° C
abschätzbar	2,5° C
13. Einbaumaße und Befestigung	4 Nietmuttern oder 4 Linsenkopfschrauben mit Federringen und Muttern, M 4×15, DIN 84

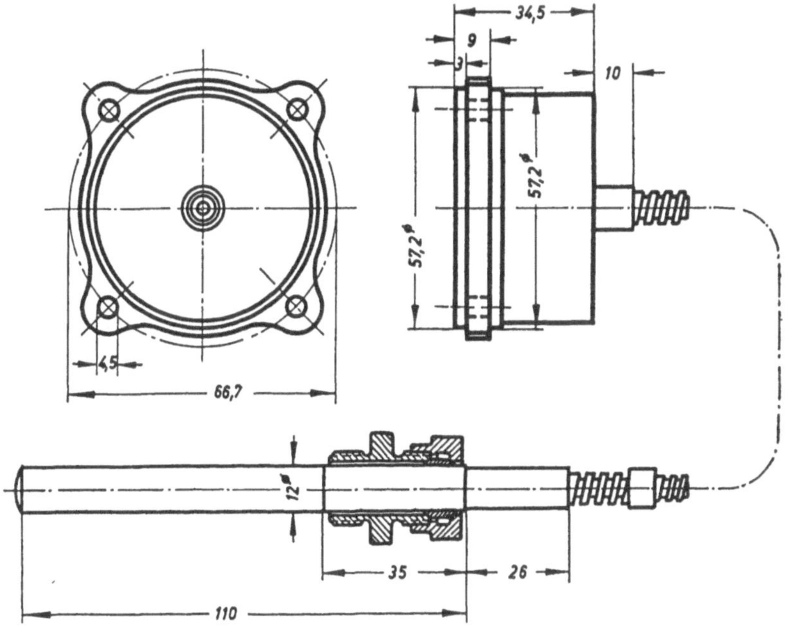

Abb. 88

ECKARDT

Dampfdrucktemperaturmesser TF 57/211 (Fl. ohne)	Ferntemperaturmesser

Abb. 89

Ausführung

1. Arbeitsweise	mechanisch, Umwandlung des Temperatureinflusses in Druck mit Übertragung auf ein bewegliches Meßorgan
2. Gehäuse	zylindrisch, Preßstoff
3. Meßorgan	Wärmefühler und Röhrenfeder mit Verdampfungsflüssigkeit
4. Zifferblatt	Teilung: je 20° C; Bezifferung: selbstleuchtend mit entsprechenden Teilstrichen auf schwarzem Grund
5. Übertragung	druckfeste, mit Verdampfungsflüssigkeit gefüllte Leitung, die untrennbar mit dem Geber und Anzeigegerat verbunden ist
6. Zeiger	selbstleuchtend, einfacher Zeigerumlauf

Einrichtungen

7. Übertragungsleitung	Kapillarleitung mit Metallschutzschlauch
8. Wärmefühler	Bronzehulse mit Alba-Verschraubung
9. Leitungslangen.............	normal 1, 2, 3, 4, 6, 8, 10 und 12 m

Daten

10. Gewicht	0,32 kg einschl. 3 m Leitung (1 m Leitungslänge = 0,04 kg)
11. Meßbereich	0—120° C
12. Kleinster Meßbereich	
ablesbar	5° C
abschätzbar	2,5° C
13. Einbaumaße und Befestigung	4 Nietmuttern oder 4 Linsenkopfschrauben mit Federringen und Muttern, M 4×15, DIN 84

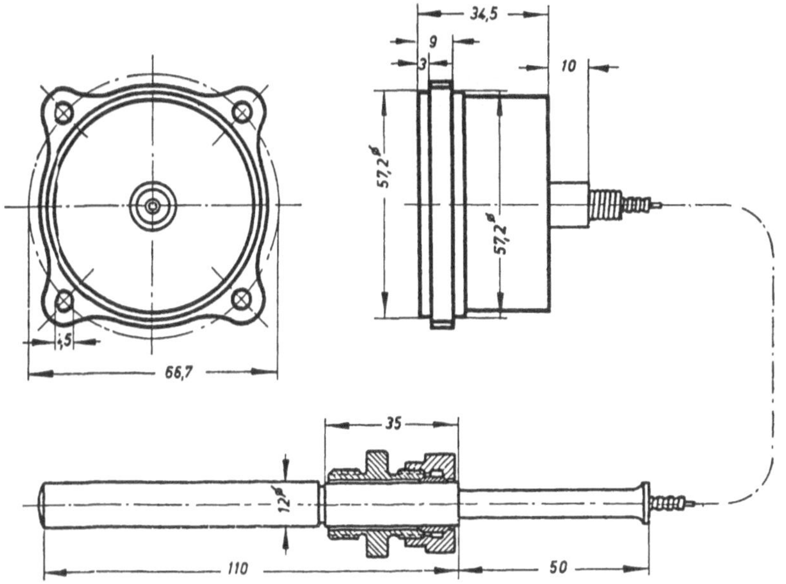

Abb. 90

ECKARDT

Dampfdrucktemperaturmesser ET 1 (Fl. ohne)	Ferntemperaturmesser

Abb. 91

Ausführung

1. Arbeitsweise	mechanisch, Umwandlung des Temperatureinflusses in Druck mit Übertragung auf ein bewegliches Meßorgan
3. Gehäuse	zylindrisch, Preßstoff
2. Meßorgan	Wärmefühler und Röhrenfeder mit Verdampfungsflüssigkeit
4. Zifferblatt	Teilung: je 20° C; Bezifferung: Anfangs- und Endwert selbstleuchtend auf schwarzem Grund mit selbstleuchtenden, verstellbaren Bereichsmarken
5. Übertragung	druckfeste, mit Verdampfungsflüssigkeit gefüllte Leitung, die untrennbar mit dem Geber und Anzeigegerät verbunden ist
6. Zeiger	selbstleuchtend, einfacher Zeigerumlauf

Einrichtungen

7. Übertragungsleitung	Kapillarleitung mit Metallschutzschlauch
8. Wärmefühler	Bronzehülse mit Spezialverschraubung
9. Leitungslängen	normal 1, 2, 3, 4, 6, 8, 10 und 12 m

Daten

10. Gewicht	0,32 kg einschl. 3 m Leitung (1 m Leitungslänge = 0,04 kg)
11. Meßbereich	0—120° C
12. Kleinster Meßbereich	
ablesbar	10° C
abschätzbar	5° C
13. Einbaumaße und Befestigung	4 Nietmuttern oder 4 Linsenkopfschrauben mit Federringen und Muttern, M 4×15, DIN 84

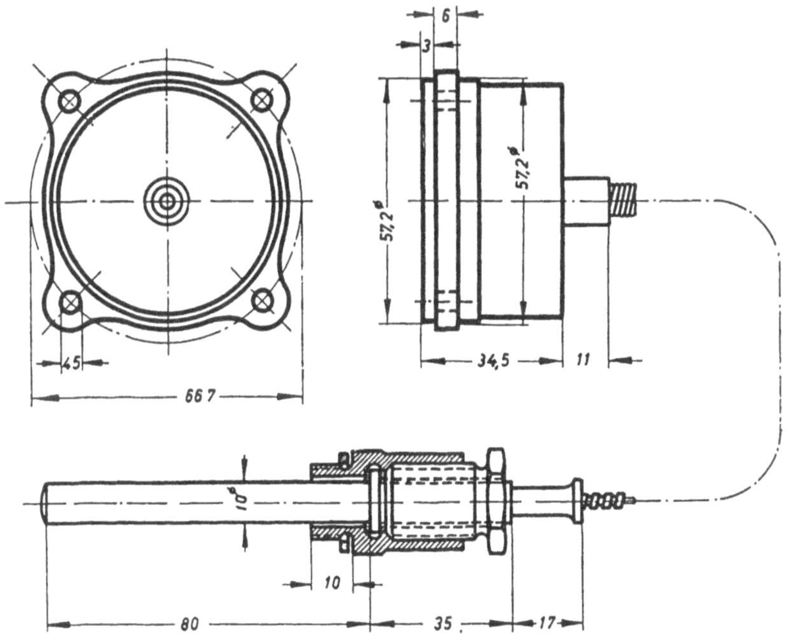

Abb. 92

ECKARDT

Dampfdrucktemperaturmesser ET 1 (Fl. 20308)	Ferntemperaturmesser

Abb. 93

Ausführung

1. Arbeitsweise	mechanisch, Umwandlung des Temperatureinflusses in Druck mit Übertragung auf ein bewegliches Meßorgan
2. Gehäuse	zylindrisch, Preßstoff
3. Meßorgan	Wärmefühler und Röhrenfeder mit Verdampfungsflüssigkeit
4. Zifferblatt	Teilung: je 20° C; Bezifferung: Anfangs- und Endwert selbstleuchtend auf schwarzem Grund mit selbstleuchtenden, verstellbaren Bereichsmarken
5. Übertragung	druckfeste, mit Verdampfungsflüssigkeit gefüllte Leitung, die untrennbar mit dem Geber und Anzeigegerät verbunden ist
6. Zeiger	selbstleuchtend, einfacher Zeigerumlauf

Einrichtungen

7. Übertragungsleitung	Kapillarleitung mit Metallschutzschlauch
8. Wärmefühler	Bronzehülse mit Spezialverschraubung
9. Leitungslängen	normal 1, 2, 3, 4, 6, 8, 10 und 12 m

Daten

10. Gewicht	0,32 kg einschl. 3 m Leitung (1 m Leitungslange = 0,04 kg)
11. Meßbereich	0—160° C
12. Kleinster Meßbereich	
ablesbar	10° C
abschätzbar	5° C
13. Einbaumaße und Befestigung	4 Nietmuttern oder 4 Linsenkopfschrauben mit Federringen und Muttern, M 4×15, DIN 84

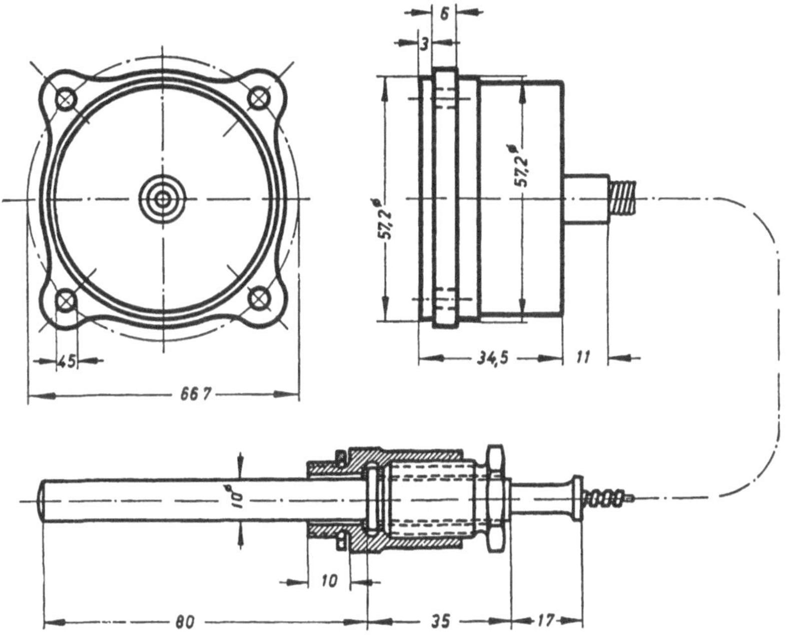

Abb. 94

ECKARDT

Geber für mechanischen Temperaturmesser mit elektrischer Übertragung (Fl. 20361)	Elektrischer Ferntemperaturmesser

Abb. 95

Ausführung

1. Arbeitsweise	elektrisch, Patin-Brückendrehspulschaltung mit Geberpotentiometer
2. Gehäuse	zylindrisch, Leichtmetall
3. Stromsystem	24 V Bordnetz-Gleichstrom
4. Meßorgan (mechanisch)	Warmefuhlei, Hulse und Fuhlstift aus zweierlei Metall
(elektrisch)	Potentiometer mit Schleifkontakt
5. Übertragung	dreiadrige Leitung
6. Anschluß	direkter Anschluß an der Meßstelle (Warmefuhler im Betriebsstoff)

Einrichtungen

7. Übertragungsleitung	dreiadriges Kabel in Metallgewebeschlauch
8. Anschlusse (mechanisch).....	Einschraubgewinde M 18×1,5
(elektrisch)	Anschlußstecker mit Schraubsicherung nach Fl 32628
9. Anwendungsbereich	—60 bis +160° C

Daten

10. Gewicht	0,17 kg
11. Meßbereich	0—130° C
12. Übertragungsleitung	2×0,75
13. Einbaumaße und Befestigung	Verschraubung mit Dichtungsscheibe 8×15 mm

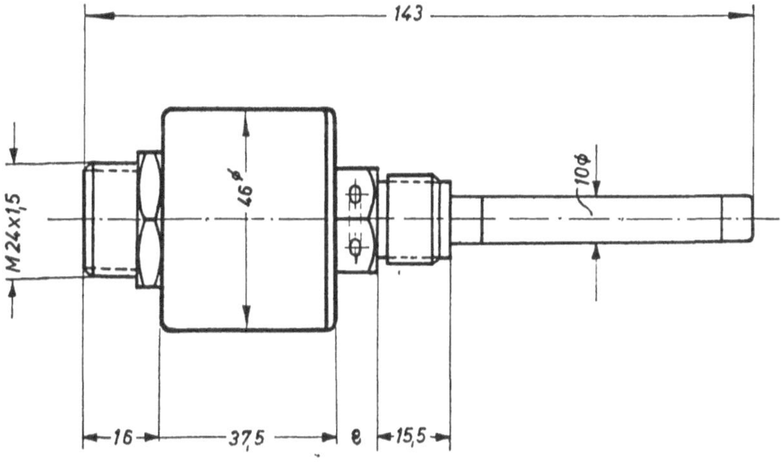

Abb. 96

HARTMANN & BRAUN

Geber für Widerstandstemperaturmesser (Fl. 20340)	Elektrischer Ferntemperaturmesser

Abb. 97

Ausführung

1. Arbeitsweise .... elektrisch, temperaturveränderlicher Widerstand
2. Gehäuse .... Messing
3. Stromsystem .... 24 V Bordnetz-Gleichstrom
4. Meßorgan .... Nickeldrahtwicklung (LNi) 100 Ohm Widerstand bei 0° C
5. Übertragung .... zweiadrige Leitung zur Verbindungsdose
6. Anschluß .... direkter Anschluß an der Meßstelle (Wärmefühler im Betriebsstoff)

Einrichtungen

7. Übertragungsleitung .... doppeladriges Kabel in Metallgewebeschlauch
8. Anschlüsse (mechanisch)..... Einschraubgewinde M 18×1,5
   (elektrisch) ..... Anschlußstecker mit Schraubsicherung nach Fl. 32627
9. Anwendungsbereich .... —60 bis +180° C

Daten

10. Gewicht	0,04 kg
11. Meßbereich	0—130° C[1])
12. Übertragungsleitung	2×0,75
13. Einbaumaße und Befestigung	Verschraubung mit Dichtungsscheibe 8×15 mm

---

[1]) Früher 0—160° C.

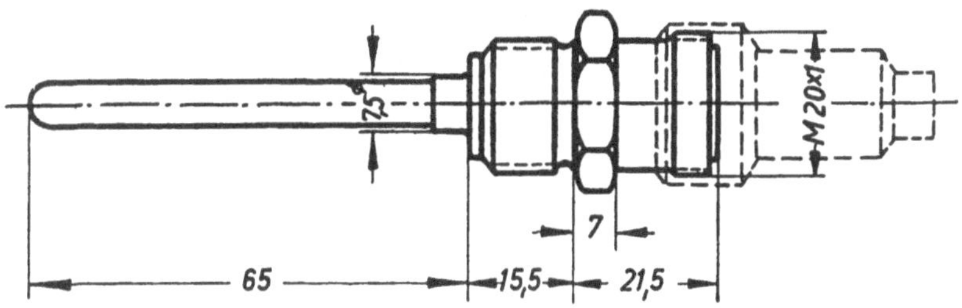

Abb. 98

HARTMANN & BRAUN

Widerstandstemperaturmesser Anzeigegerät (Fl. 20342)	Elektrischer Ferntemperaturmesser

Abb. 99

Ausführung

1. Arbeitsweise .... elektrisch, Kreuzspulmeßwerk mit Widerstandsgeber
2. Gehäuse .... zylindrisch, Preßstoff
3. Stromsystem .... 24 V Bordnetz-Gleichstrom, Leistungsbedarf 0,06 A, 1,5 Watt
4. Skalenausführung........... Teilung: je 10° C; Bezifferung: 50, 100, 130° C selbstleuchtend mit entsprechenden Teilstrichen auf schwarzem Grund
5. Übertragung .... dreiadrige Leitung zur Verbindungsdose
6. Zeiger..................... selbstleuchtend, 80° Zeigerausschlag

Einrichtungen

7. Dämpfung .... ruhige Anzeige durch Gewichts-(Massen) Ausgleich
8. Abschirmung............... Abschirmung gegen Kompaßbeeinflussung durch besonders Abschirmplatte und Eisenmantel
9. Zeigerdrehrichtung.......... mit dem Uhrzeigersinn (mul)

Daten

10. Gewicht .... 0,26 kg
11. Meßbereich .... 0—130° C[1])
12. Kleinster Meßbereich
    ablesbar .... 10° C
    abschätzbar .... 5° C
13. Einbaumaße und Befestigung 4 Nietmuttern oder 4 Linsenkopfschrauben mit Federringen und Muttern, M 4×15, DIN 84

[1]) Früher 0—120° C oder 40—160° C.

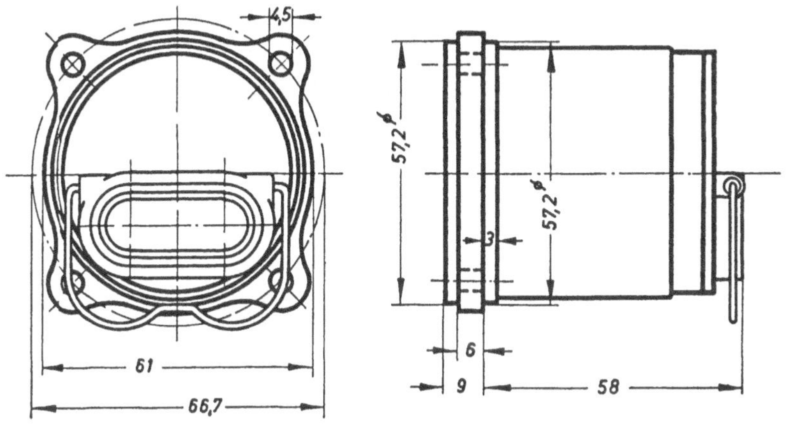

Abb. 100

HARTMANN & BRAUN

Widerstandstemperaturmesser Anzeigegerät (Fl. ohne)	Elektrischer Ferntemperaturmesser

Abb. 101

Ausführung

1. Arbeitsweise .... elektrisch, Kreuzspulmeßwerk mit Widerstandsgeber
2. Gehäuse................... zylindrisch, Preßstoff
3. Stromsystem............... 24 V Bordnetz-Gleichstrom, Leistungsbedarf 0,06 A 1,5 Watt
4. Skalenausführung........... Teilung: je 5° C; Bezifferung: je 30° oder 20° C, selbstleuchtend mit selbstleuchtenden Teilstrichen
5. Übertragung .... dreiadrige Leitung zur Verbindungsdose
6. Zeiger..................... selbstleuchtend, 80° Zeigerausschlag

Einrichtungen

7. Dämpfung .... ruhige Anzeige durch Gewichts-(Massen) Ausgleich
8. Abschirmung............. ... Abschirmung gegen Kompaßbeeinflussung durch besondere Abschirmplatte und Eisenmantel
9. Zeigerdrehrichtung.......... mit dem Uhrzeigersinn (mul)

Daten

10. Gewicht	0,70 kg
11. Meßbereich	0—120° C oder 40—160° C
12. Kleinster Meßbereich	
ablesbar	5° C
abschätzbar	2,5° C
13. Einbaumaße und Befestigung	4 Nietmuttern oder 4 Linsenkopfschrauben mit Federringen und Muttern, M 4×15, DIN 84

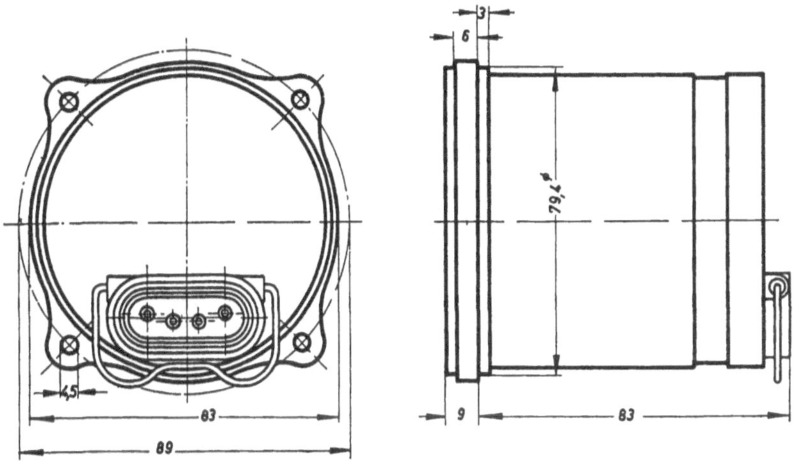

Abb. 102

HARTMANN & BRAUN

Widerstandstemperaturmesser Anzeigegerät mit Umschalter[1])
(Fl. 20343)

Elektrischer Ferntemperaturmesser für zwei Meßstellen

Abb. 103

Ausführung

1. Arbeitsweise	elektrisch, Kreuzspulmeßwerk mit Widerstandsgeber
2. Gehäuse	zylindrisch, Preßstoff
3. Stromsystem......	24 V Bordnetz-Gleichstrom; Leistungsbedarf 0,06 A, 1,5 Watt
4. Skalenausfuhrung...........	Teilung: je 10° C; Bezifferung: je 40° C, selbstleuchtend mit entsprechenden Teilstrichen auf schwarzem Grund
5. Übertragung	vieradrige Leitung zur Verbindungsdose
6. Zeiger.....................	selbstleuchtend, 80° Zeigerausschlag mit dem Uhrzeigersinn (mul)

Einrichtungen

7. Dämpfung	ruhige Anzeige durch Gewichts-(Massen)Ausgleich
8. Abschirmung...............	Abschirmung gegen Kompaßbeeinflussung durch besondere Abschirmplatte und Eisenmantel
9. Umschalter.................	Druckknopf fur die Einschaltung einer zweiten Meßstelle

[1]) Wird nicht mehr hergestellt.

Daten

10. Gewicht	0,27 kg
11. Meßbereich	0—160° C
12. Kleinster Meßbereich	
ablesbar	10° C
abschätzbar	5° C
13. Einbaumaße und Befestigung	4 Nietmuttern oder 4 Linsenkopfschrauben mit Federringen und Muttern, M 4×15, DIN 84

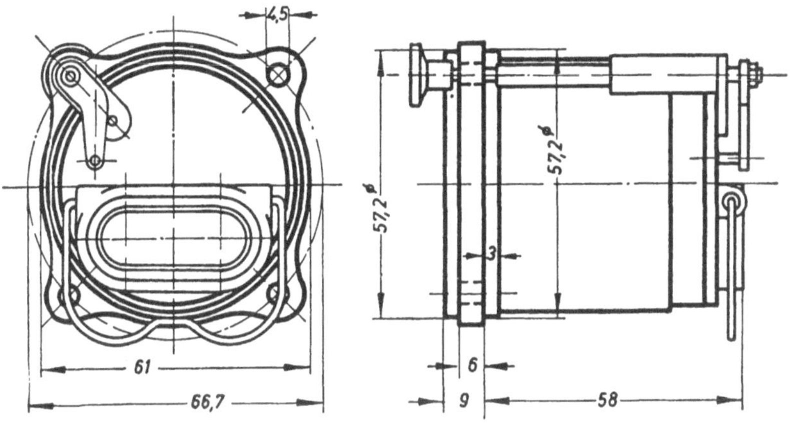

Abb. 104

LUFTFAHRTGERÄTEWERK HAKENFELDE

Geber für Widerstandstemperaturmesser TG 1 (Fl. ohne)	Elektrischer Ferntemperaturmesser

Abb. 105

Ausführung

1. Arbeitsweise	elektrisch, temperaturveränderlicher Widerstand
2. Gehäuse	Messing, vernickelt
3. Stromsystem	24 V Bordnetz-Gleichstrom
4. Meßorgan	Nickeldrahtwicklung (LNi), 100 Ohm Widerstand bei 0° C
5. Übertragung	zweiadrige Leitung zur Verbindungsdose
6. Anschluß	direkter Anschluß an der Meßstelle (Warmefuhler im Betriebsstoff)

Einrichtungen

7. Übertragungsleitung	doppeladriges Kabel in Metallgewebeschlauch
8. Anschlüsse (mechanisch)	Einschraubgewinde, M 18×1,5
(elektrisch)	Anschlußstecker mit Schraubsicherung Bm LGS 2a
9. Anwendungsbereich	—60 bis +180° C

Daten

10. Gewicht .... 0,05 kg
11. Meßbereich .... 0—160° C
12. Übertragungsleitung .... 2×0,75
13. Einbaumaße und Befestigung Verschraubung mit Dichtungsring, C 8×14, DIN 7603

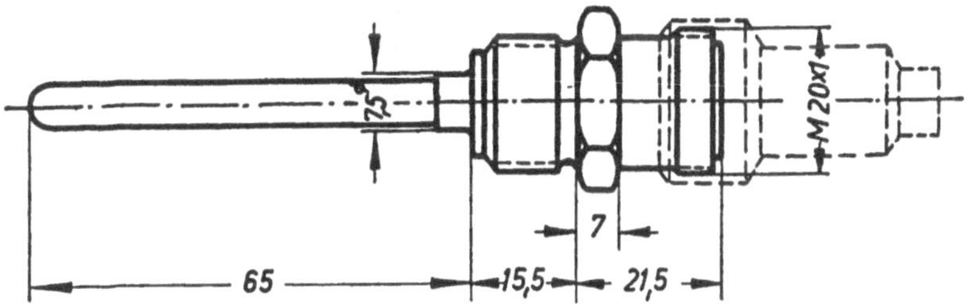

Abb. 106

LUFTFAHRTGERÄTEWERK HAKENFELDE

Widerstandstemperaturmesser-Anzeigegerät TA 1 (Fl. 20342–2/-3)	Elektrischer Ferntemperaturmesser

Abb. 107

Ausführung

1. Arbeitsweise	elektrisch, Siemens-Brückenkreuzspulschaltung mit Widerstandsgeber
2. Gehäuse	Aluminium mit Eisenmantel
3. Stromsystem	24 V Bordnetz-Gleichstrom
4. Skalenausführung	Teilung: je 10^0 C; Bezifferung: je 40^0 C selbstleuchtend mit entsprechenden Teilstrichen auf schwarzem Grund
5. Übertragung	dreiadrige Leitung zur Verbindungsdose
6. Zeiger	selbstleuchtend, 80^0 Zeigerausschlag

Einrichtungen

7. Dämpfung	Rähmchendämpfung und ruhige Anzeige durch Gewichts-(Massen)Ausgleich
8. Abschirmung	Abschirmung gegen Kompaßbeeinflussung durch Eisenmantel
9. Zeigerdrehrichtung	mit dem Uhrzeigersinn (mul)

Daten

10. Gewicht	0,28 kg (ohne Steckdose)
11. Meßbereich	0—120° C oder 40—160° C
12. Kleinster Meßbereich	
ablesbar	10° C
abschätzbar	5° C
13. Einbaumaße und Befestigung	4 Nietmuttern oder 4 Linsenkopfschrauben mit Federringen und Muttern, M 4×15, DIN 84

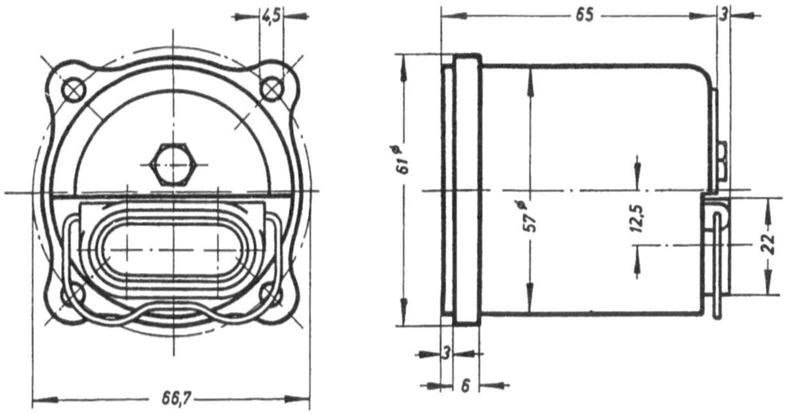

Abb. 108

LUFTFAHRTGERÄTEWERK HAKENFELDE

Widerstandstemperaturmesser Anzeigegerät TA 2 mit Umschalter (Fl. ohne)	Elektrischer Ferntemperaturmesser für zwei Meßstellen

Abb. 109

Ausführung

1. Arbeitsweise .... elektrisch, Siemens-Brückenkreuzspulschaltung mit Widerstandsgeber
2. Gehäuse .... Aluminium mit Eisenmantel
3. Stromsystem .... 24 V Bordnetz-Gleichstrom
4. Skalenausführung .... Teilung; je 10° C; Bezifferung: je 40 ° C, selbstleuchtend mit entsprechenden Teilstrichen auf schwarzem Grund
5. Übertragung .... vieradrige Leitung zur Verbindungsdose
6. Zeiger .... selbstleuchtend, 80° Zeigerausschlag mit dem Uhrzeigersinn (mul)

Einrichtungen

7. Dämpfung .... Rähmchendämpfung und ruhige Anzeige durch Gewichts-(Massen)Ausgleich
8. Abschirmung .... Abschirmung gegen Kompaßbeeinflussung durch Eisenmantel
9. Umschalter .... Druckknopf fur die Einschaltung einer zweiten Meßstelle

Daten

10. Gewicht .... 0,36 kg (ohne Stecker)
11. Meßbereich .... 0—160° C
12. Kleinster Meßbereich
    ablesbar .... 10° C
    abschätzbar .... 5° C
13. Einbaumaße und Befestigung 4 Nietmuttern oder 4 Linsenkopfschrauben mit Federringen und Muttern, M 4×15, DIN 84

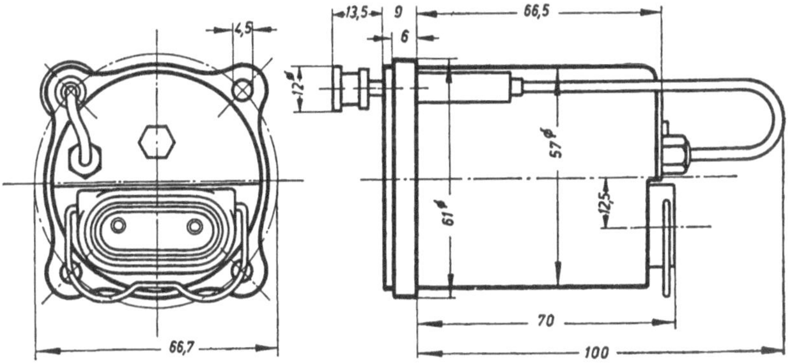

Abb. 110

HARTMANN & BRAUN

Geber für thermoelektrische Temperaturmesser ZG 1 (Fl. ohne)	Elektrische Ferntemperaturmesser (Ringthermoelement)

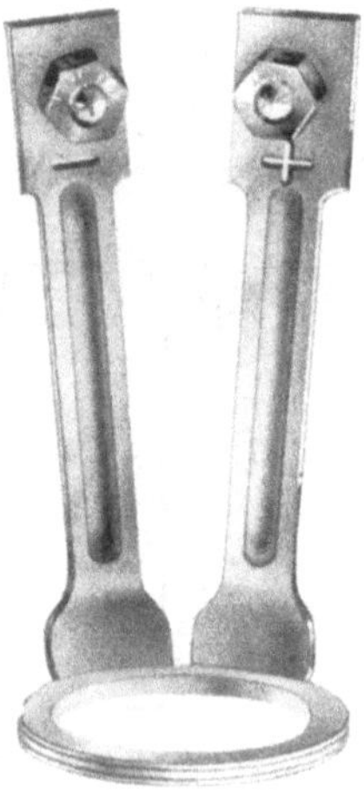

Abb. 111

Ausführung

1. Arbeitsweise	thermoelektrische Spannungsmessung
2. Form.....................	Unterlegring
3. Stromsystem..............	Stromerzeugung durch Wärmeeinwirkung, Millivolt in Abhängigkeit von der Temperatur
4. Meßorgan.................	Eisen-Konstantan-Verbindung
5. Übertragung	zweiadrige Eisen-Konstantan-Kompensationsleitung
6. Anschluß	direkter Anschluß an der Meßstelle

Einrichtungen

7. Übertragungsleitung	Kompensationsleitung in Metallgewebeschlauch, Fl. 20346
8. Anschluß	lichte Ringoffnung 12, 14, 18 mm
9. Anwendungsbereich.........	bis 350° C; 18,35 MV

Daten

10. Gewicht	0,02 kg
11. Meßbereich	0—350° C
12. Übertragungsleitung	8 m Länge, eingeeichter Leitungswiderstand 3,8 Ohm
13. Einbaumaße und Befestigung	Befestigung durch Zündkerze oder gleichartige Verschraubung

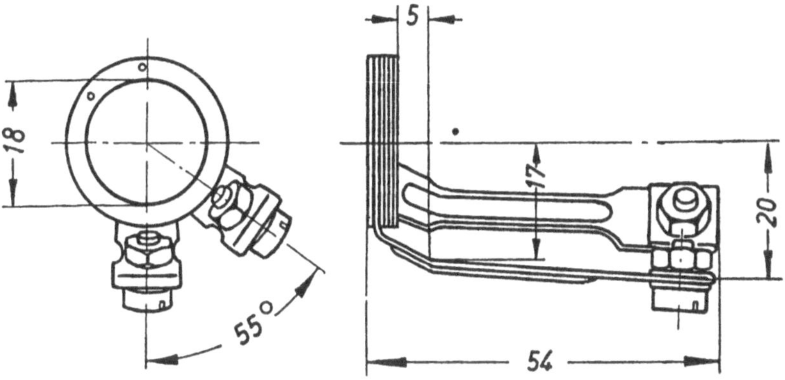

Abb. 112

HARTMANN & BRAUN

Geber für thermoelektrische Temperaturmesser ZG 2 (Fl. ohne)	Elektrischer Ferntemperaturmesser (Einschraubthermoelement)

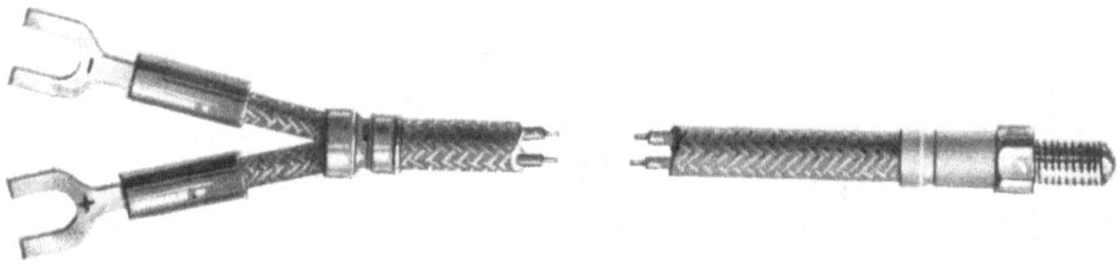

Abb. 113

Ausführung

1. Arbeitsweise .... thermoelektrische Spannungsmessung
2. Form...................... Einschraubstutzen
3. Stromsystem............... Stromerzeugung durch Wärmeeinwirkung, Millivolt in Abhängigkeit von der Temperatur
4. Meßorgan.................. Eisen-Konstantan-Verbindung
5. Übertragung............... zweiadrige Eisen-Konstantan-Kompensationsleitung
6. Anschluß .... direkter Anschluß an der Meßstelle

Einrichtungen

7. Übertragungsleitung .... Kompensationsleitung in Metallgewebeschlauch Fl. 20346
8. Anschluß .... an der Meßstelle Schraubgewinde M 5; an der Kupplung zwei Kabelschuhe
9. Anwendungsbereich .... bis 350° C; 18,35 MV

Daten

10. Gewicht	0,05 kg
11. Meßbereich	0—350° C
12. Übertragungsleitung	8 m Länge, eingeeichter Leitungswiderstand, 3,8 Ohm
13. Einbaumaße und Befestigung	Befestigung durch Einschrauben in Gewindewarze an der Meßstelle

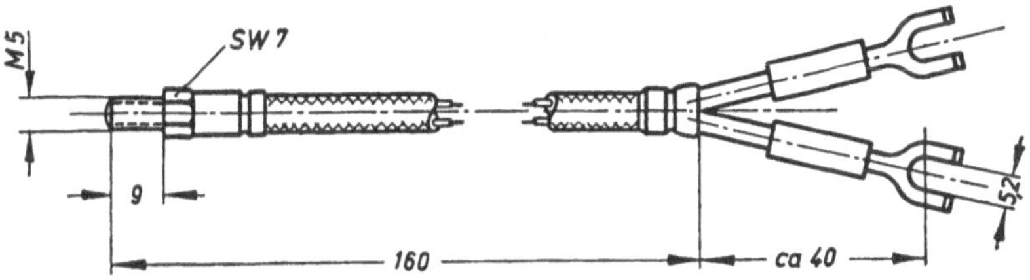

Abb. 114

HARTMANN & BRAUN

Thermoelektrischer Temperaturmesser, Anzeigegerät ZA 1 (Fl. ohne)	Elektrischer Ferntemperaturmesser

Abb. 115

Ausführung

1. Arbeitsweise .... elektrisch, Drehspulmeßwerk (Millivoltmeter)
2. Gehäuse .... zylindrisch, Preßstoff
3. Stromsystem .... Stromerzeugung durch Wärmeeinwirkung
4. Skalenausführung........... Teilung: je 10° C; Bezifferung: je 50° C, selbstleuchtend mit entsprechenden Teilstrichen auf schwarzem Grund
5. Übertragung .... zweiadrige Eisen-Konstantan-Kompensationsleitung
6. Zeiger..................... selbstleuchtend, 80° Zeigerausschlag mit dem Uhrzeigersinn (mul)

Einrichtungen

7. Dämpfung .... ruhige Anzeige durch Gewichts-(Massen)Ausgleich
8. Abschirmung............... Abschirmung gegen Kompaßbeeinflussung durch besondere Abschirmplatte und Eisenmantel
9. Temperaturausgleich .... Bimetall-Temperaturkompensation auf die umgebende Luft

Daten

10.	Gewicht	0,26 kg
11.	Meßbereich	0—350° C
12.	Kleinster Meßbereich	
	ablesbar	10° C
	abschätzbar	5° C
13.	Einbaumaße und Befestigung	4 Nietmuttern oder 4 Linsenkopfschrauben mit Federringen und Muttern, M 4×15, DIN 84

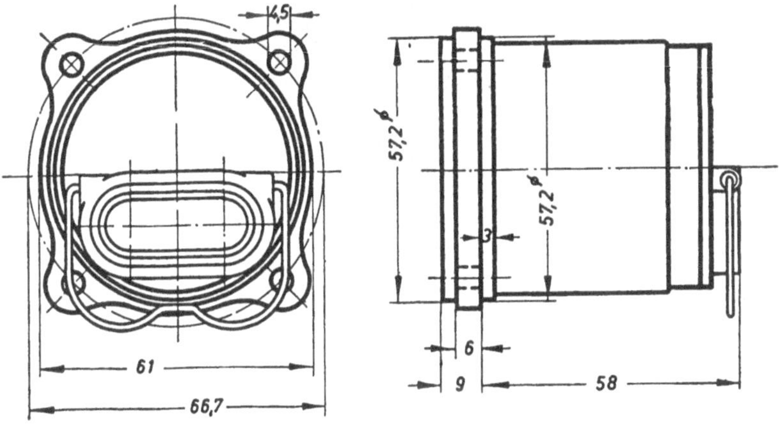

Abb. 116

HARTMANN & BRAUN

Thermoelektrischer Temperaturmesser, Anzeigegerät mit Umschalter ZA 2

(Fl. ohne)

Elektrischer Ferntemperaturmesser für zwei Meßstellen

Abb. 117

Ausführung

1. Arbeitsweise	elektrisch, Drehspulmeßwerk (Millivoltmeter)
2. Gehäuse	zylindrisch, Preßstoff, mit Druckknopf für die Einschaltung einer zweiten Meßstelle
3. Stromsystem	Stromerzeugung durch Wärmeeinwirkung
4. Skalenausführung	Teilung: je 10^0 C; Bezifferung: je 50^0 C, selbstleuchtend mit entsprechenden Teilstrichen auf schwarzem Grund
5. Übertragung	vieradrige Kompensationsleitung zur Verbindungsdose
6. Zeiger	selbstleuchtend, 80^0 Zigerausschlag mit dem Uhrzeigersinn (mul)

Einrichtungen

7. Dämpfung	ruhige Anzeige durch Gewichts-(Massen)Ausgleich
8. Abschirmung	Abschirmung gegen Kompaßbeeinflussung durch besondere Abschirmplatte und Eisenmantel
9. Temperaturausgleich	Bimetall-Temperaturkompensation auf die umgebende Luft

Daten

10. Gewicht	0,27 kg
11. Meßbereich	0—350° C
12. Kleinster Meßbereich	
ablesbar	10° C
abschätzbar	5° C
13. Einbaumaße und Befestigung	4 Nietmuttern oder 4 Linsenkopfschrauben mit Federringen und Muttern, M 4×15, DIN 84

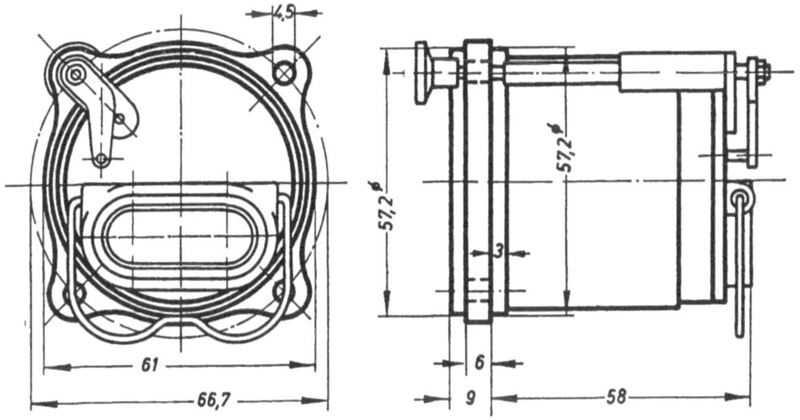

Abb. 118

GOSSEN

Geber für thermoelektrische Temperaturmesser (Fl. ohne)	Elektrischer Ferntemperaturmesser (Ringthermoelement)

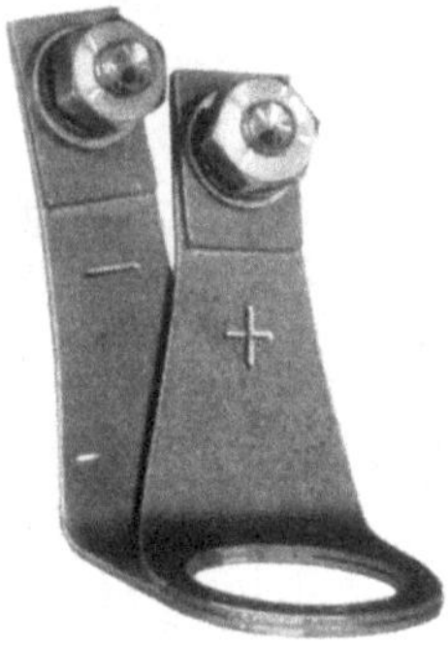

Abb. 119

Ausführung

1. Arbeitsweise	thermoelektrische Spannungsmessung
2. Form.......................	Unterlegring
3. Stromsystem	Stromerzeugung durch Warmeeinwirkung, Millivolt in Abhängigkeit von der Temperatur
4. Meßorgan...................	hart verlötete Eisen-Konstantan-Verbindung
5. Übertragung	zweiadrige Eisen-Konstantan-Kompensationsleitung
6. Anschluß	direkter Anschluß an der Meßstelle

Einrichtungen

7. Übertragungsleitung	Kompensationsleitung in Metallgewebeschlauch Fl. 20346
8. Anschluß	Ringweite für Zundkerzengewinde, M 18×1,5 oder M 14×1,5
9. Anwendungsbereich	bis 350° C (Eichdaten: etwa 5,4 mV je 100° C)

Daten

10. Gewicht	0,025 kg
11. Meßbereich	—20 bis +350° C
12. Übertragungsleitung........	eingeeichter Widerstand der Kompensationsleitung 9 Ohm
13. Einbaumaße und Befestigung	Befestigung durch Zündkerze oder gleichartige Verschraubung

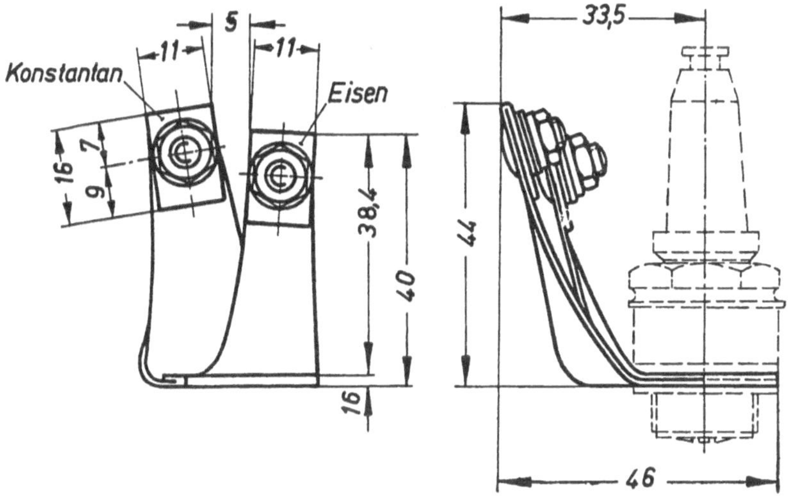

Abb. 120

GOSSEN

Thermoelektrischer Temperaturmesser, Anzeigegerät Zyte 1 (Fl ohne)	Elektrischer Ferntemperaturmesser

Abb. 121

Ausführung

1. Arbeitsweise	elektrisch, Drehspulmeßwerk (Millivoltmeter)
2. Gehäuse	zylindrisch, Preßstoff
3. Stromsystem	Stromerzeugung durch Warmeeinwirkung
4. Skalenausfuhrung	Teilung: je 10° C; Bezifferung: je 100° C, selbstleuchtend mit entsprechenden Hauptteilstrichen auf schwarzem Grund
5. Übertragung	zweiadrige Eisen-Konstantan-Kompensationsleitung
6. Zeiger	selbstleuchtend, 80° Zeigerausschlag mit dem Uhrzeigersinn (mul)

Einrichtungen

7. Dämpfung	ruhige Anzeige durch Gewichts-(Massen)Ausgleich
8. Abschirmung	Abschirmung gegen Kompaßbeeinflussung durch Eisenmantel
9. Temperaturausgleich	Bimetall-Temperaturkompensation auf die umgebende Luft

Daten

10. Gewicht .... 0,450 kg
11. Meßbereich .... —20 bis +350° C
12. Kleinster Meßbereich
    ablesbar .... 10° C
    abschätzbar .... 5° C
13. Einbaumaße und Befestigung 4 Nietmuttern oder 4 Linsenkopfschrauben mit Federringen und Muttern, M 4×15, DIN 84

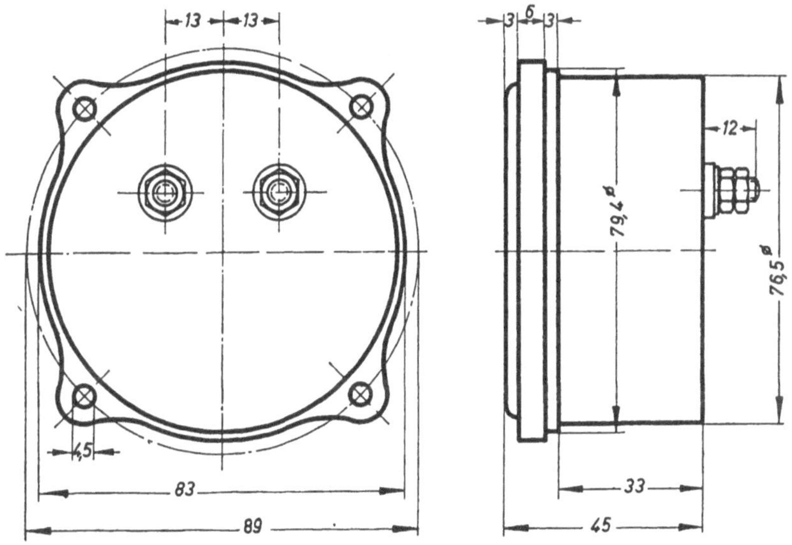

Abb. 122

ECKARDT

Ausdehnungstemperaturmesser TD 57/121 (Fl ohne)	Doppel-Ferntemperaturmesser für Schmier- und Kühlstoff

Abb. 123

Ausführung

1. Arbeitsweise	mechanisch, Umwandlung des Temperatureinflusses in Druck mit Übertragung auf ein bewegliches Meßorgan
2. Gehäuse	zylindrisch, Preßstoff
3. Meßorgan..................	zwei Wärmefühler und zwei Rohrenfedern mit Quecksilberfullung
4. Zifferblatt.................	Teilung: je 5° C; Bezifferung: je 30° C, Anfangs- und Endwert selbstleuchtend mit entsprechenden Teilstrichen auf schwarzem Grund
5. Übertragung	zwei druckfeste, mit Ausdehnungsflussigkeit gefullte Leitungen, die mit den Gebern und dem Anzeigegerät fest verbunden sind
6. Zeiger.....................	zwei selbstleuchtende Zeiger mit je einfachem Zeigerumlauf im Uhrzeigersinn (mul)

Einrichtungen

7. Übertragungsleitung	Stahlkapillare mit Gummiisolierung und Metallschutzschlauch
8. Wärmefühler...............	Stahlhülse mit Kupferüberzug als Rostschutz; mit Alba Verschraubung
9. Leitungslangen	normal 1, 2, 3, 4, 6, 8, 10 und 12 m

Daten

10. Gewicht	0,960 kg einschl. 3 m Leitung (1 m Leitungslänge = 0,14 kg)
11. Meßbereich	30—180° C
12. Kleinster Meßbereich	
ablesbar	5° C
abschätzbar	2,5° C
13. Einbaumaße	4 Nietmuttern oder 4 Linsenkopfschrauben mit Federringen und Muttern, M 4×15, DIN 84

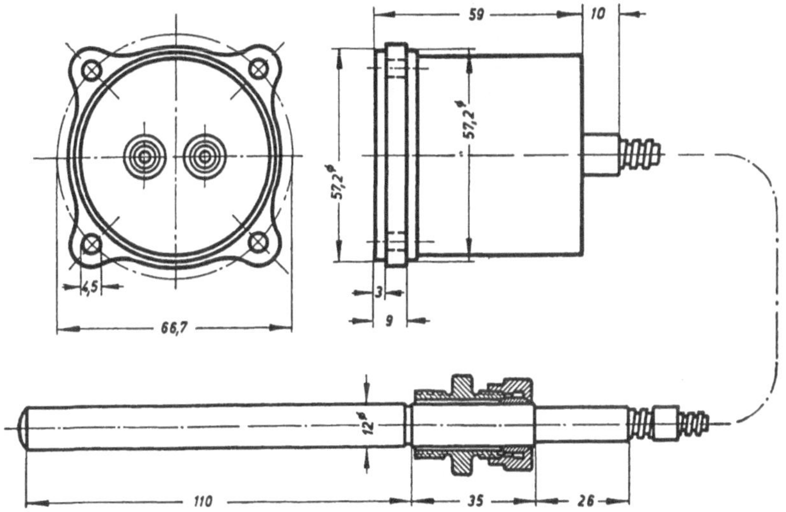

Abb. 124

ECKARDT

Dampfdrucktemperaturmesser ETS 1 und 5 (Fl. ohne)	Doppel-Ferntemperaturmesser

Abb. 125

Ausführung

1. Arbeitsweise	mechanisch, Umwandlung des Temperatureinflusses in Druck mit Übertragung auf ein bewegliches Meßorgan
2. Gehäuse	zylindrisch, Preßstoff
3. Meßorgan	zwei Wärmefühler und zwei Rohrenfedern mit Verdampfungsflüssigkeit
4. Zifferblatt	Teilung: je 10° oder je 5° C; Bezifferung: je 20° selbstleuchtend mit entsprechenden Teilstrichen auf schwarzem Grund. Mit oder ohne selbstleuchtende, einstellbare Bereichsmarken
5. Übertragung	zwei druckfeste, mit Verdampfungsflüssigkeit gefullte Leitungen, die untrennbar mit den Gebern und dem Anzeigegerät verbunden sind
6. Zeiger	zwei selbstleuchtende Zeiger mit je einfachem Zeigerumlauf im Uhrzeigersinn (mul)

Einrichtungen

7. Übertragungsleitung	Kapillarleitung mit Metallschutzschlauch
8. Wärmefuhler	Bronzehulse mit Alba oder Spezialverschraubung
9. Leitungslängen	normal 1, 2, 3, 4, 6, 8, 10 und 12 m

Daten

10. Gewicht	0,66 kg einschl. 3 m Leitung (1 m Doppelleitung = 0,08 kg)
11. Meßbereich	0—120° C
12. Kleinster Meßbereich	
ablesbar	10° oder 5° C
abschätzbar	5° oder 2,5° C
13. Einbaumaße und Befestigung	4 Nietmuttern oder 4 Linsenkopfschrauben mit Federringen und Muttern, M 4×15, DIN 84

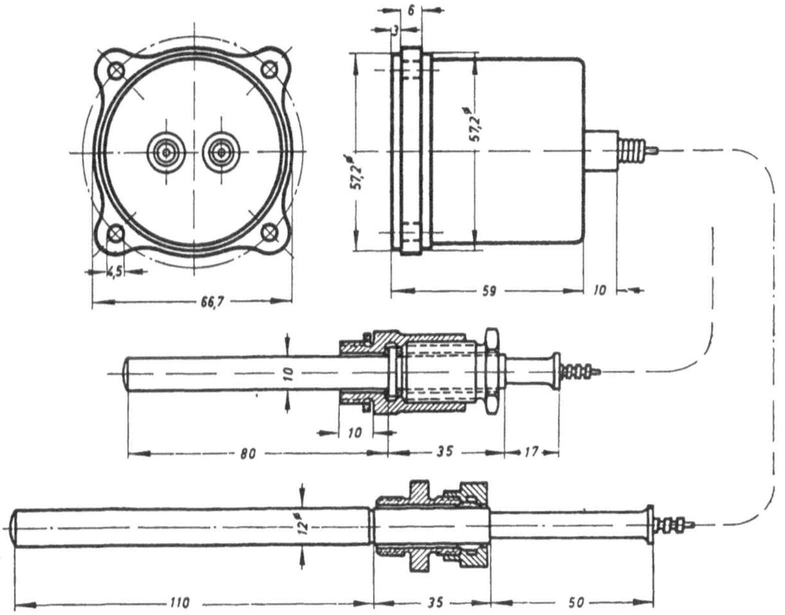

Abb. 126

ECKARDT

Dampfdrucktemperaturmesser ETS 3 (Fl. 20331)	Doppel-Ferntemperaturmesser

Abb. 127

Ausführung

1. Arbeitsweise .... mechanisch, Umwandlung des Temperatureinflusses in Druck mit Übertragung auf ein bewegliches Meßorgan
2. Gehäuse .... zylindrisch, Preßstoff
3. Meßorgan .... zwei Warmefühler und zwei Röhrenfedern mit Verdampfungsflüssigkeit
4. Zifferblatt .... Teilung: je 10°; Bezifferung: je 20° selbstleuchtend mit entsprechenden Teilstrichen auf schwarzem Grund. Mit selbstleuchtenden, einstellbaren Bereichsmarken
5. Übertragung .... zwei druckfeste, mit Verdampfungsflüssigkeit gefüllte Leitungen, die untrennbar mit den Gebern und dem Anzeigegerät verbunden sind
6. Zeiger .... zwei selbstleuchtende Zeiger mit je einfachem Zeigerumlauf im Uhrzeigersinn (mul)

Einrichtungen

7. Übertragungsleitung .... Kapillarleitung mit Metallschutzschlauch
8. Wärmefühler .... Bronzehülse mit Alba oder Spezialverschraubung
9. Leitungslängen .... normal 1, 2, 3, 4, 6, 8, 10 und 12 m

Daten

10. Gewicht	0,64 kg einschl. 3 m Leitung (1 m Doppelleitung = 0,08 kg)
11. Meßbereich	0—160° C
12. Kleinster Meßbereich	
ablesbar	10° C
abschätzbar	5° C
13. Einbaumaße und Befestigung	4 Nietmuttern oder 4 Linsenkopfschrauben mit Federringen und Muttern, M 4×15, DIN 84

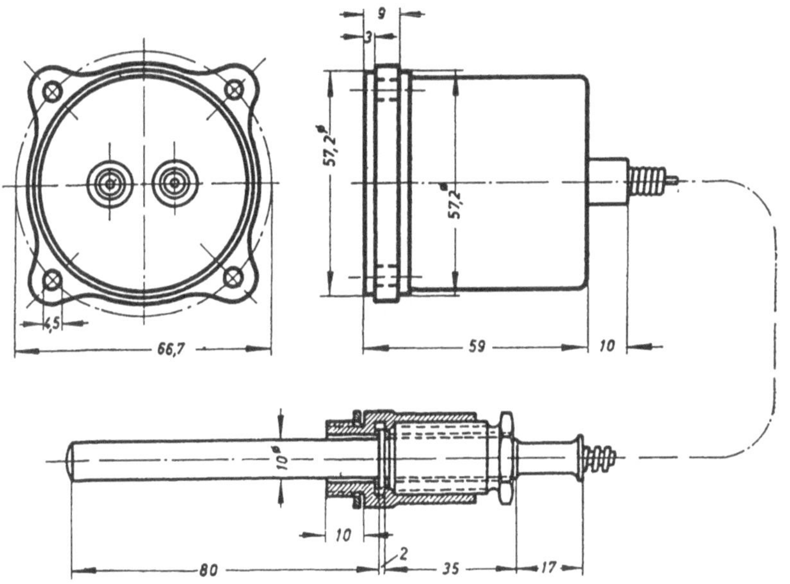

Abb. 128

LUFTFAHRTGERÄTEWERK HAKENFELDE

Temperatur-Anzeigegerät
EV 2—T
(Fl. 20360)

Elektrischer Ferntemperaturmesser, Vierfach-Anzeigegerät[1])

Abb. 129

Ausführung

1. Arbeitsweise	elektrisch, Siemens-Brückenkreuzspulschaltung mit Widerstandsgebern
2. Gehäuse	Preßstoff mit Eisenmantel
3. Stromsystem	24 V Bordnetz-Gleichstrom
4. Skalenausfuhrung	Teilung: 4× je 10° C; Bezifferung: 0, 40, 80, 120° C und 40, 80, 120, 160° C
5. Übertragung	12adrige Leitung (Steckdose LIS 12b)
6. Zeiger	selbstleuchtend, 80° Anzeigebereich

---

[1]) Weitere Mehrfachgeräte s. u. Druckmesser.

Einrichtungen

7. Dämpfung	Rähmchendämpfung, außerdem ruhige Anzeige durch Gewichts-(Massen)Ausgleich
8. Abschirmung	Abschirmung gegen Kompaßbeeinflussung durch Eisenmantel
9. Zeigerdrehrichtung	linke Seite entgegen dem Uhrzeigersinn (edul), rechte Seite mit dem Uhrzeigersinn (mul)

Daten

10. Gewicht	0,66 kg (ohne Steckdose)
11. Meßbereich[1])	2×0...120 °C, 2×40...160° C
12. Kleinster Meßbereich	
ablesbar	10° C
abschätzbar	5° C
13. Einbaumaße und Befestigung	4 Nietmuttern oder 4 Linsenkopfschrauben mit Federringen und Muttern, M 4×15, DIN 84

[1]) Andere Meßbereiche nach Bestellung.

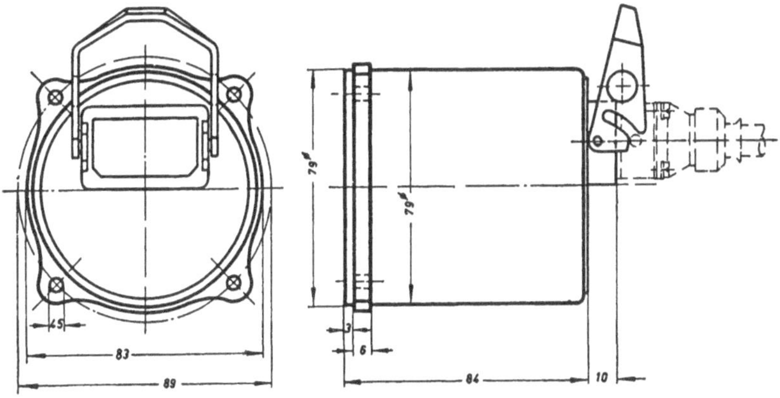

Abb. 130

MAXIMALL

Kraftstoffverbrauchsmesser für Vergasermotoren, Entlüfter (Fl 20771)	Elektrischer Kraftstoffverbrauchsmesser

Abb. 131

Ausführung

1. Arbeitsweise	mechanisch, Regelung der Entluftung durch ein Schwimmerventil
2. Gehäuse	zylindrisch, Leichtmetall
3. Betätigung.................	durch veränderlichen Kraftstoffinhalt
4. Meßorgan..................	Metallschwimmer
5. Übertragung................	starre Kraftstoffleitung
6. Anschlüsse.................	kraftstoffdichte Verschraubung

Einrichtungen

7. Entlüftung	kraftstoffdichte Leitung, Rückführung in die Kraftstoffanlage; 4 mm LW
8. Zugänglichkeit	abnehmbares Gehäuseoberteil
9. Anbau	starre Befestigung mit dem Motor

Daten

10. Gewicht	0,820 kg
11. Meßbereich	80—180 l/h
12. Übertragungsleitung	A 16, DIN 7611
13. Einbaumaße und Befestigung	3 Stiftschrauben, M 6×17, DIN 938

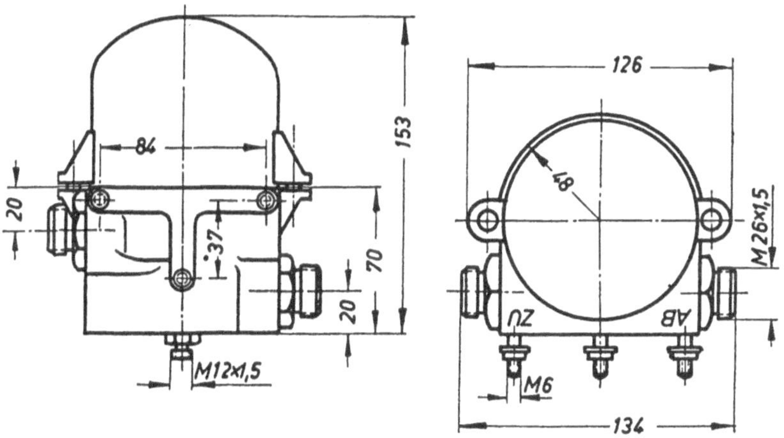

Abb. 132

MAXIMALL

Kraftstoffverbrauchsmesser für Vergasermotoren, Geber (Fl. 20770)	Elektrischer Kraftstoffverbrauchsmesser

Abb. 133

Ausführung

1. Arbeitsweise .... mechanisch-elektrisch, durch Stauscheibe gesteuertes Geberpotentiometer
2. Gehäuse .... zylindrisch, Leichtmetall
3. Stromsystem .... 24 V Bordnetz-Gleichstrom, Leistungsaufnahme 60 m A
4. Meßorgan (mechanisch) ..... Stauscheibe mit Schwimmer
   (elektrisch) ..... Potentiometer mit Schleifer
5. Übertragung (mechanisch)... starre Kraftstoffleitung
   (elektrisch)... dreiadrige Leitung
6. Anschluß .... Kraftstoffzufuhr nur uber Entlufter

Einrichtungen

7. Überlastbarkeit............ durch Begrenzung des Schwimmerweges
8. Dämpfung .... durch Dämpfungskammer mit Regelschraube
9. Anwendungsbereich......... einstellbar durch Spannfeder und verstellbare Stauscheibe

Daten

10. Gewicht	0,630 kg
11. Meßbereich	80—180 l/h
12. Übertragungsleitung	LSC 3×0,75
13. Einbaumaße und Befestigung	4 Sechskantschrauben

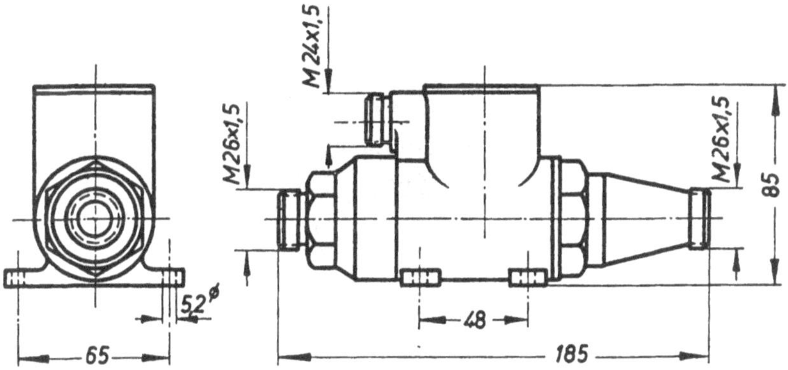

Abb. 134

HARTMANN & BRAUN

Kraftstoffverbrauchsmesser für Vergasermotoren, Anzeigegerät (Fl. 20772)	Elektrischer Kraftstoff-verbrauchsmesser

Abb. 135

Ausführung

1. Arbeitsweise	elektrisch, Kreuzspulmeßwerk
2. Gehäuse	zylindrisch, Preßstoff
3. Stromsystem	24 V Bordnetz-Gleichstrom
4. Skalenausführung...........	Teilstriche und Bezifferung nach Bestellung dem Gebergerät angepaßt, selbstleuchtend auf schwarzem Grund
5. Übertragung	dreiadrige Leitung
6. Zeiger.....................	selbstleuchtend, 90° Anzeigebereich

Einrichtungen

7. Dämpfung	ruhige Anzeige durch Gewichts-(Massen)Ausgleich
8. Abschirmung...............	Abschirmung gegen Kompaßbeeinflussung durch besondere Abschirmplatte
9. Zeigerdrehrichtung..........	mit dem Uhrzeigersinn (mul)

Daten

10. Gewicht	0,265 kg
11. Meßbereich	80—180 l/h
12. Leistungsbedarf............	24 V; 0,06 A; 1,5 Watt
13. Einbaumaße und Befestigung	4 Nietmuttern oder 4 Linsenkopfschrauben mit Federringen und Muttern, M 4×15, DIN 84

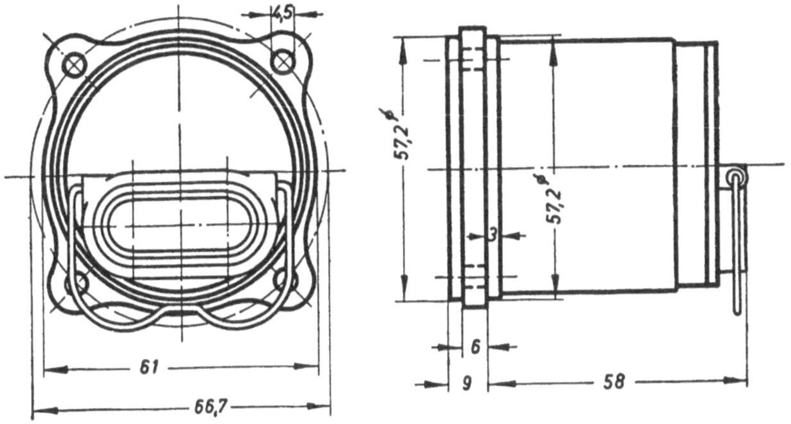

Abb. 136

TELEFONBAU UND NORMALZEIT
LUFTFAHRTGERÄTEWERK HAKENFELDE

Kraftstoffverbrauchsmesser für Einspritzmotoren, Verbrauchsgeber 9—2156 A—1 (Fl ohne)	Elektrischer Kraftstoffverbrauchsmesser

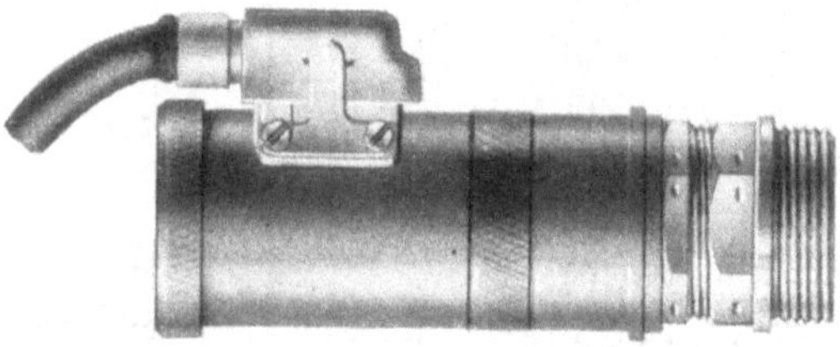

Abb. 137

Ausführung

1. Arbeitsweise .... elektrisch, Transformator mit veränderlichem Eisenkreis (Induktivgeber)
2. Gehäuse .... zylindrisch, Leichtmetall
3. Stromsystem .... Wechselstrom, durch Generator
4. Meßorgan .... verstellbares Kernstück aus magnetischem Werkstoff
5. Übertragung .... dreiadrige Leitung
6. Anschluß .... direkter Anschluß an die Einspritzpumpe des Motors

Einrichtungen

7. Sparschaltung .... durch Verbindung vom Anfang der Primär- und Sekundärwicklung nur dreiadrige Leitung zum Verteiler
8. Anbau .... Jumo 211 B/D und G/H
9. Anzeigegerät .... Gossen 9—2159 A—1 oder LGW 9—2160 A—1

Daten

10. Gewicht	0,440 kg
11. Meßbereich	100 bis 350 l/h
12. Wechselstromgeber.........	Deuta EF 10 (s. unter Drehzahlmesser)
13. Einbaumaße und Befestigung	feste Verschraubung an der Pumpe

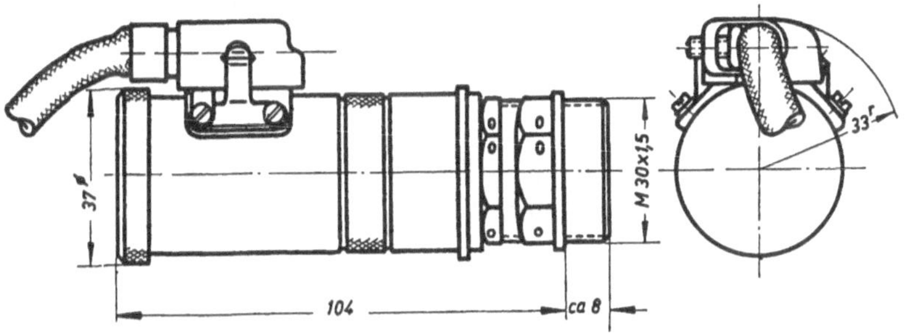

Abb. 138

TELEFONBAU UND NORMALZEIT

LUFTFAHRTGERÄTEWERK HAKENFELDE

Kraftstoffverbrauchsmesser für Einspritzmotoren, Verbrauchsgeber 9—2171 A—1 (Fl ohne)	Elektrischer Kraftstoffverbrauchsmesser

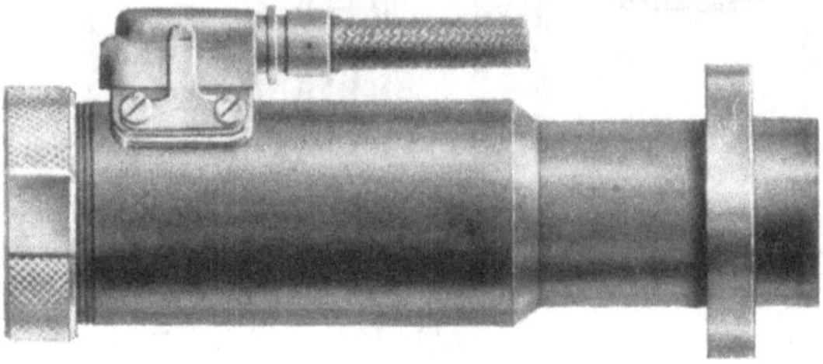

Abb. 139

Ausführung

1. Arbeitsweise	elektrisch, Transformator mit veränderlichem Eisenkreis (Induktivgeber)
2. Gehäuse	zylindrisch, Leichtmetall
3. Stromsystem	Wechselstrom, durch Generator
4. Meßorgan	verstellbares Kernstück aus magnetischem Werkstoff
5. Übertragung	dreiadrige Leitung
6. Anschluß	direkter Anschluß an die Einspritzpumpe des Motors

Einrichtungen

7. Sparschaltung	durch Verbindung vom Anfang der Primär- und Sekundärwicklung nur dreiadrige Leitung zum Verteiler
8. Anbau	Jumo 211 F/J
9. Anzeigegerät	Gossen 9—2173 A-1 oder LGW 9—2172 A-1

Daten

10. Gewicht	0,5 kg
11. Meßbereich	100 bis 500 l/h
12. Wechselstromgeber.........	Deuta EF 10 (s. unter Drehzahlmesser)
13. Einbaumaße und Befestigung	Anflanschung an der Pumpe

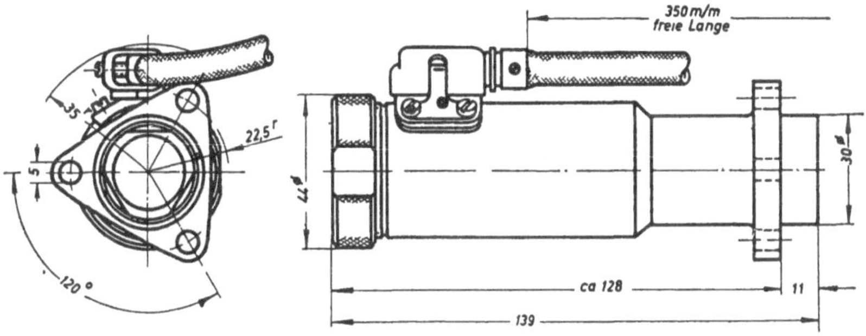

Abb. 140

TELEFONBAU UND NORMALZEIT
LUFTFAHRTGERÄTEWERK HAKENFELDE

Kraftstoffverbrauchsmesser für Einspritzmotoren, Verbrauchsgeber 9—2174 A—1 (Fl ohne)	Elektrischer Kraftstoffverbrauchsmesser

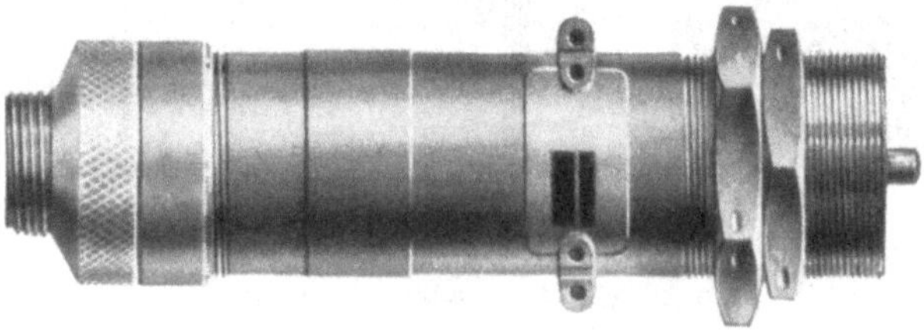

Abb. 141

Ausführung

1. Arbeitsweise	elektrisch, Transformator mit veränderlichem Eisenkreis (Induktivgeber)
2. Gehäuse	zylindrisch, Leichtmetall
3. Stromsystem	Wechselstrom, durch Generator
4. Meßorgan	verstellbares Kernstück aus magnetischem Werkstoff
5. Übertragung	dreiadrige Leitung
6. Anschluß	direkter Anschluß an die Einspritzpumpe des Motors

Einrichtungen

7. Sparschaltung	durch Verbindung vom Anfang der Primär- und Sekundärwicklung nur dreiadrige Leitung zum Verteiler	
8. Anbau	Jumo 205 D	und 207 C,
9. Anzeigegerät	LGW 9—2176 A—2	LGW 9—2176 A—1
		Gossen 9—2175 A—1

Daten

10. Gewicht	0,660 kg
11. Meßbereich	50 bis 250 l/h
12. Wechselstromgeber.........	Deuta EF 10 (s. unter Drehzahlmesser)
13. Einbaumaße und Befestigung	feste Verschraubung an der Pumpe

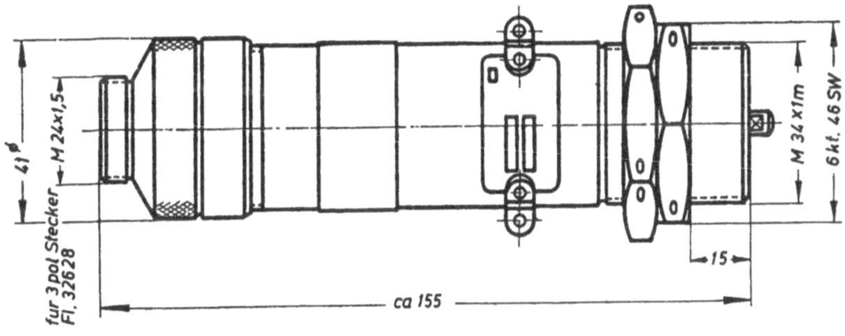

Abb. 142

TELEFONBAU UND NORMALZEIT
LUFTFAHRTGERÄTEWERK HAKENFELDE

Kraftstoffverbrauchsmesser für Einspritzmotoren, Verbrauchsgeber 9—2180 A—2 (Fl. ohne)	Elektrischer Kraftstoffverbrauchsmesser

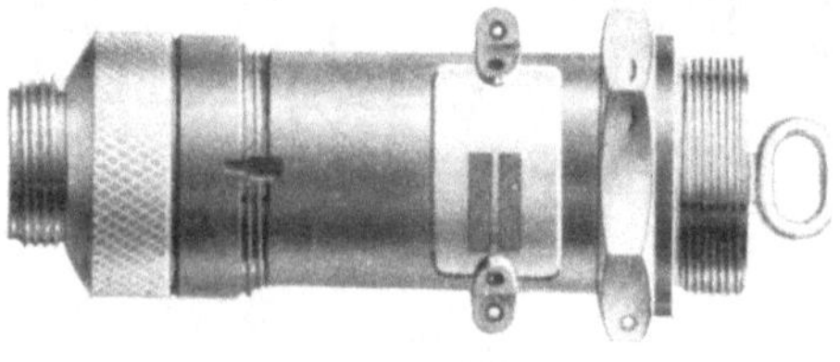

Abb. 143

Ausführung

1. Arbeitsweise	elektrisch, Transformator mit veränderlichem Eisenkreis (Induktivgeber)	
2. Gehäuse	zylindrisch, Leichtmetall	
3. Stromsystem	Wechselstrom, durch Generator	
4. Meßorgan	verstellbares Kernstück aus magnetischem Werkstoff	
5. Übertragung	dreiadrige Leitung	
6. Anschluß	direkter Anschluß an die Einspritzpumpe des Motors	

Einrichtungen

7. Sparschaltung	durch Verbindung vom Anfang der Primär- und Sekundärwicklung nur dreiadrige Leitung zum Verteiler	
8. Anbau	DB 601 EF	oder DB 605 und 606,
9. Anzeigegerät	Gossen 9—2181 A—1	LGW 9—2182 B—2

Daten

10. Gewicht	0,420 kg
12. Wechselstromgeber.........	Deuta EF 10 (s. unter Drehzahlmesser)
13. Einbaumaße und Befestigung	feste Verschraubung an der Pumpe

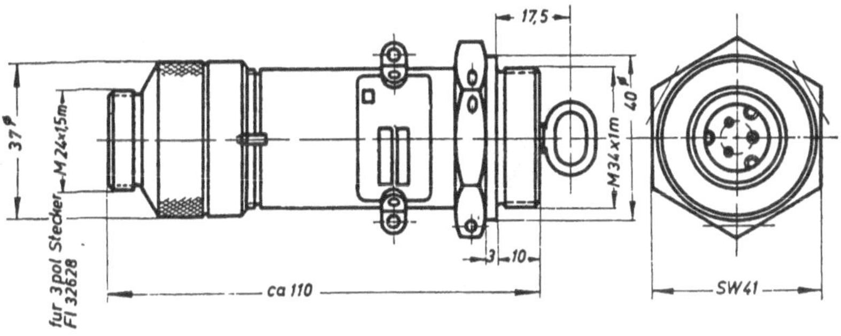

Abb. 144

GOSSEN

Kraftstoffverbrauchsmesser für Einspritzmotoren, Anzeigegerät 9—2159/73/76/79/81, 9—2223[1]) (Fl. ohne)	Elektrischer Kraftstoffverbrauchsmesser

Abb. 145

Ausführung

1. Arbeitsweise .... elektrisch, Drehspulmeßwerk (Stromstärkemesser mit eingebautem Gleichrichter)
2. Gehäuse .... zylindrisch, Preßstoff
3. Stromsystem .... Wechselstrom durch vom Motor angetriebenen Generator
4. Skalenausführung........... Teilung: je 10 l/h; Bezifferung: je 100 l/h; selbstleuchtend auf schwarzem Grund
5. Übertragung .... zweiadrige Leitung
6. Zeiger..................... selbstleuchtend, 270° Anzeigebereich

Einrichtungen

7. Dämpfung .... ruhige Anzeige durch Gewichts-(Massen)Ausgleich
8. Abschirmung............... Abschirmung gegen Kompaßbeeinflussung durch besonderen Blechmantel um das Gehäuse
9. Zeigerdrehrichtung.......... mit dem Uhrzeigersinn (mul)

[1]) Anwendung je nach Motorenmuster, s. unter Verbrauchsgeber.

Daten

10. Gewicht	0,240 kg
11. Meßbereich	50 bis 250, 100 bis 350, 100 bis 500 l/h
12. Kleinster Meßbereich	
ablesbar	10 l/h
abschätzbar	5 l/h
13. Einbaumaße und Befestigung	4 Nietmuttern oder 4 Linsenkopfschrauben mit Federringen und Muttern, M 4×15, DIN 84

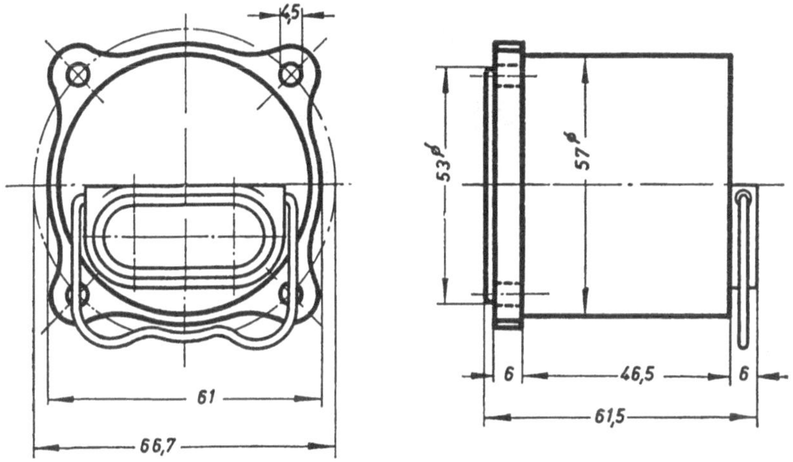

Abb. 146

LUFTFAHRTGERÄTEWERK HAKENFELDE

Kraftstofferbrauchsmesser für Einspritzmotoren, Anzeigegerät 9—2160/72/76/78/82, 9—2222[1]) (Fl ohne)	Elektrischer Kraftstoffverbrauchsmesser

Abb. 147

Ausführung

1. Arbeitsweise .... elektrisch, Gleichrichtergerät mit induktivem Verbrauchsmeßgeber
2. Gehäuse .... zylindrisch, Preßstoff mit Eisenmantel
3. Stromsystem .... Wechselstrom, durch vom Motor angetriebenen Generator
4. Skalenausfuhrung........... Teilung: je 10 l/h; Bezifferung: je 50 l/h, selbstleuchtend auf schwarzem Grund
5. Übertragung .... zweiadrige Leitung
6. Zeiger..................... selbstleuchtend, 270° Anzeigebereich

Einrichtungen

7. Dämpfung .... ruhige Anzeige durch Gewichts-(Massen)Ausgleich
8. Abschirmung............... Abschirmung durch Eisenmantel gegen Kompaßbeeinflussung
9. Zeigerdrehrichtung.......... mit dem Uhrzeigersinn (mul)

---

[1]) Anwendung je nach Motorenmuster, s. unter Verbrauchsgeber.

Daten

10. Gewicht	0,25 kg
11. Meßbereich	50 bis 250, 100 bis 350, 100 bis 500 l/h
12. Kleinster Meßbereich	
ablesbar	10 l/h
abschätzbar	5 l/h
13. Einbaumaße und Befestigung	4 Nietmuttern oder 4 Linsenkopfschrauben mit Federringen und Muttern, M 4×15, DIN 84

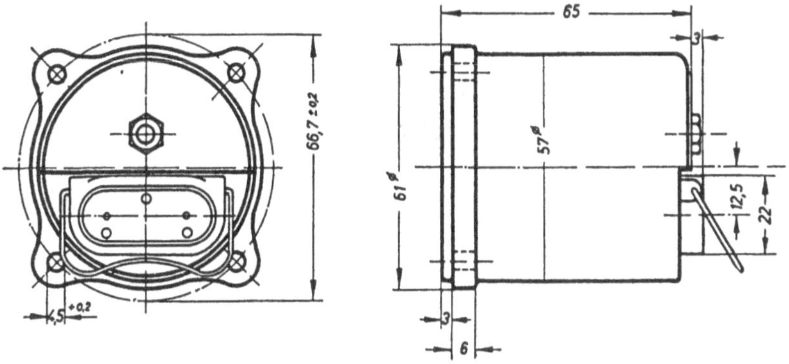

Abb. 148

VEREINIGTE DEUTSCHE METALLWERKE

Luftschraubenstellungs-anzeiger 9—9500.30 (Fl. 18503-1)	Mechanischer Stellungsanzeiger

Abb. 149

Ausführung

1. Arbeitsweise .... mechanisch, Stirnräder-Uhrwerk
2. Gehäuse .... zylindrisch, Leichtmetall
3. Anzeigewerk .... doppeltes Untersetzungsgetriebe
4. Zifferblatt.................. Teilung: wie normale Zeituhr, 12 Stunden-Teilstriche, 60 Minuten-Teilstriche. Hauptteilstriche selbstleuchtend auf schwarzem Grund; Bezifferung: ohne
5. Antrieb.................... biegsame Welle, DIN Kr. 5532
6. Zeiger..................... ein Minutenzeiger, ein Stundenzeiger, selbstleuchtend

Einrichtungen

7. Untersetzung............... eine volle Umdrehung des großen Zeigers gleich 5 Minuten Weg des kleinen Zeigers
8. Anschluß .... gerader Anschluß, umschaltbar auf beiderseitigen Drehsinn durch Schalthebel (Stellung A, B)
9. Zeigerdrehrichtung.......... mit und gegen den Uhrzeigersinn (Vorwärts- und Rückwärtslauf) je nach der Luftschraubenverstellung

Daten

10. Gewicht	0,250 kg
11. Meßbereich	12 h zu 60'; 10 Uhrminuten gleich 1° Luftschraubenverstellung
12. Kleinster Meßbereich	
ablesbar	1 Minute = 0,1 °
abschätzbar	0,5 Minuten = 0,05°
13. Einbaumaße und Befestigung	4 Nietmuttern oder 4 Linsenkopfschrauben mit Federringen und Muttern, M 4×15, DIN 84

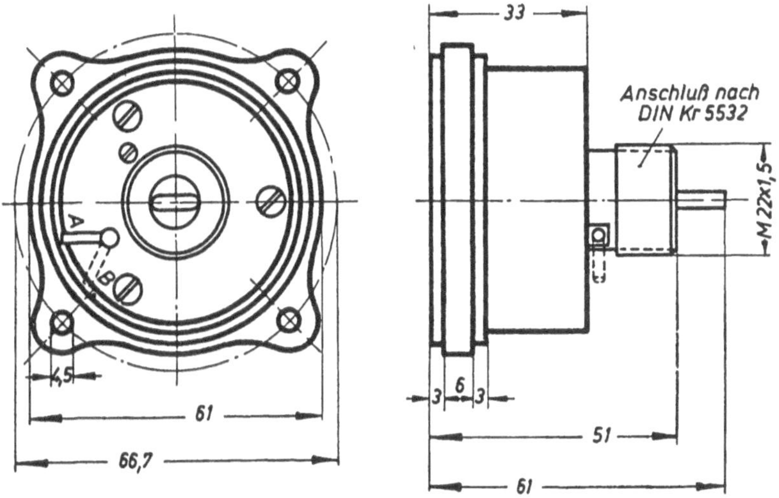

Abb. 150

VEREINIGTE DEUTSCHE METALLWERKE

Luftschraubenstellungs-anzeiger 9—9500.31 (Fl. 18503-2)	Mechanischer Stellungsanzeiger

Abb. 151

Ausführung

1. Arbeitsweise	mechanisch, Stirnräder-Uhrwerk
2. Gehäuse	zylindrisch, Leichtmetall
3. Anzeigewerp	doppeltes Untersetzungsgetriebe mit doppelseitigem Kegelrad-Antrieb
4. Zifferblatt	Teilung: wie normale Zeituhr, 12 Stunden-Teilstriche, 60 Minuten-Teilstriche. Hauptteilstriche selbstleuchtend auf schwarzem Grund; Bezifferung: ohne
5. Antrieb	biegsame Welle, DIN Kr. 5532
6. Zeiger	ein Minutenzeiger, ein Stundenzeiger, selbstleuchtend

Einrichtungen

7. Untersetzung	eine volle Umdrehung des großen Zeigers gleich 5 Minuten-Weg des kleinen Zeigers
8. Anschluß	schwenkbarer Winkelanschluß, umschaltbar durch Umschalten des doppelseitigen Kegelradantriebes auf beiderseitigen Drehsinn (Stellung A, B)
9. Zeigerdrehrichtung	mit und gegen den Uhrzeigersinn (Vorwärts- und Rückwärtslauf) je nach der Luftschraubenverstellung

Daten

10. Gewicht	0,250 kg
11. Meßbereich	12 h zu 60'; 10 Uhrminuten gleich 1° Luftschraubenverstellung
12. Kleinster Meßbereich	
ablesbar	1 Minute = 0,1°
abschätzbar	0,5 Minuten = 0,05°
13. Einbaumaße und Befestigung	4 Nietmuttern oder 4 Linsenkopfschrauben mit Federringen und Muttern, M 4×15, DIN 84

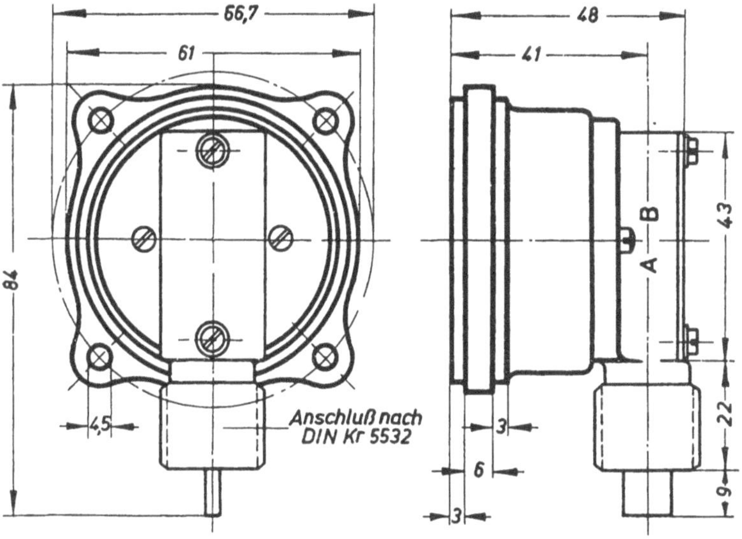

Abb. 152

VEREINIGTE DEUTSCHE METALLWERKE

(Bau: Hartmann & Braun)

Luftschraubenstellungsanzeiger 9—9500.60/61 (Fl. 18505-1/2)	Elektrischer Stellungsanzeiger

Abb. 153

Ausführung

1. Arbeitsweise	elektrisch, durch Stromimpuls betätigtes Zählwerk mit Stirnräder-Uhrwerk
2. Gehäuse	zylindrisch, Weicheisenblech
3. Stromsystem	12 oder 24 V Bordnetz-Gleichstrom, Leistungsaufnahme 5 Watt
4. Zifferblatt	Teilung: wie normale Zeituhr, 12 Stunden-Teilstriche, 60 Minuten-Teilstriche. Hauptteilstriche selbstleuchtend auf schwarzem Grund; Bezifferung: ohne
5. Übertragung	eine dreiadrige und eine einadrige Leitung
6. Zeiger	ein Minutenzeiger, ein Stundenzeiger, selbstleuchtend

Einrichtungen

7. Untersetzung	eine volle Umdrehung des großen Zeigers gleich 5 Minuten-Weg des kleinen Zeigers
8. Abschirmung	Abschirmung gegen Kompaßbeeinflussung durch Weicheisenmantel des Gehäuses
9. Zeigerdrehrichtung	mit und gegen den Uhrzeigersinn (Vorwärts- und Rückwärtslauf) je nach der Luftschraubenverstellung

Daten

10. Gewicht .... 0,625 kg mit Steckdose

11. Meßbereich .... 12 h zu 60′; 10 Uhrminuten gleich 1° Luftschraubenverstellung

12. Kleinster Meßbereich
 ablesbar .... 1 Minute = 0,1°
 abschätzbar .... 0,5 Minuten = 0,5°

13. Einbaumaße und Befestigung 4 Nietmuttern oder 4 Linsenkopfschrauben mit Federringen und Muttern, M 4×15, DIN 84

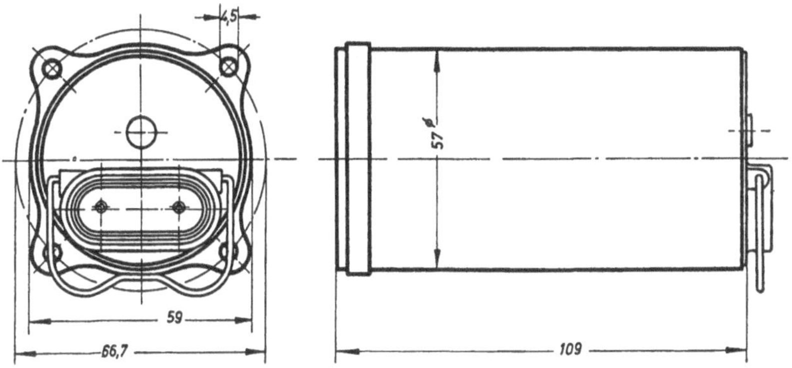

Abb. 154

ASKANIA

Stellungsanzeiger für bewegliche Flugwerkteile Lakz 1 (Fl. ohne)	Mechanischer Stellungsanzeiger

Abb. 155

Ausführung

1. Arbeitsweise	mechanisch, durch Kettenantrieb bewegtes Raderwerk
2. Gehäuse	zylindrisch, Leichtmetall
3. Anzeigewerk	federgefesseltes Zahnradgetriebe
4. Skalenausführung	Teilung: je 10°; Bezifferung: 0°, 30°, 60° selbstleuchtend mit entsprechenden Teilstrichen auf schwarzem Grund
5. Übertragung	Kugelkette
6. Zeiger	selbstleuchtend, 80° Zeigerausschlag

Einrichtungen

7. Dämpfung	durch Untersetzung 1:6 vom Antrieb zum Zeiger
8. Anschluß	Anschluß der Kugelkette am Antrieb des beweglichen Flugwerkteiles, Kugelkettenweg 194 mm
9. Zeigerdrehrichtung	mit dem Uhrzeigersinn (mul)

Daten

10. Gewicht .... 0,36 kg mit 5,2 m Kugelkette
11. Meßbereich .... 0 bis 70°
12. Kleinster Meßbereich
    ablesbar .... 10°
    abschatzbar .... 5 °
13. Einbaumaße und Befestigung 4 Nietmuttern oder 4 Linsenkopfschrauben mit Federringen und Muttern

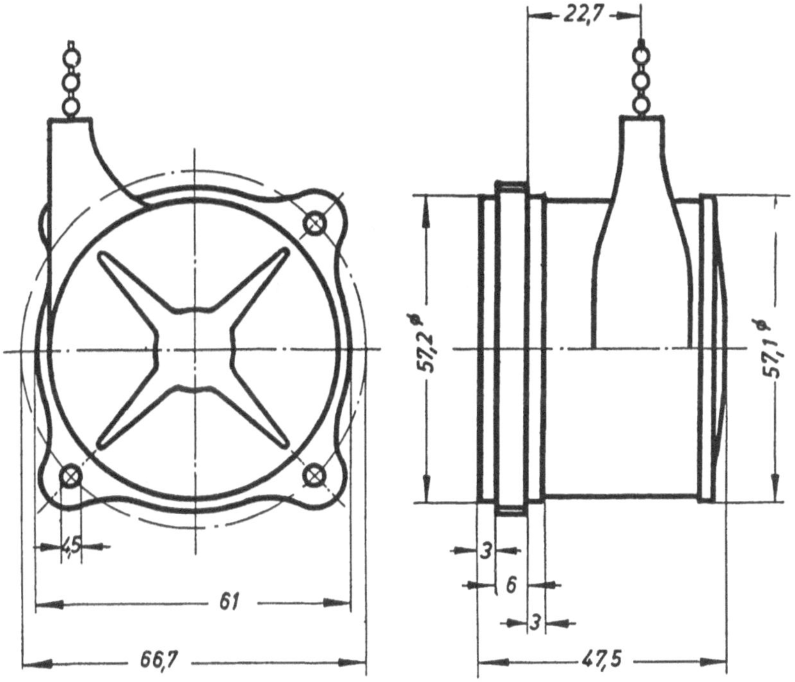

Abb. 156

LUFTFAHRTGERÄTEWERK HAKENFELDE

Geber für Stellungsanzeiger von beweglichen Flugwerkteilen LWg (Fl. 20861)	Elektrischer Fernstellungsmesser mit Einfach- oder Mehrfachanzeiger

Abb. 157

Ausführung

1. Arbeitsweise	elektrisch, Siemens-Brückenkreuzspulschaltung mit Geberpotentiometer
2. Gehäuse	zylindrisch, Leichtmetall
3. Stromsystem	24 V Bordnetz-Gleichstrom
4. Meßorgan	Potentiometer mit mechanisch bewegtem Schleifer
5. Übertragung	dreiadrige Leitung
6. Anschluß	durch Steckdose, Fl. 32628

Einrichtungen

7. Betätigung................	mechanische Übertragung vom Flugwerkteil
8. Begrenzung	durch Anschläge der Schleiferachse
9. Anwendungsgebiet.........	bewegliche Flugwerkteile und Klappen der Triebwerkanlage

Daten

10. Gewicht	0,14 kg
11. Meßbereich	je nach Verwendungszweck
12. Ausschlag.................	einheitlich 90° der Geberachse
13. Einbaumaße und Befestigung	zwei beliebige Schrauben, M 5×15

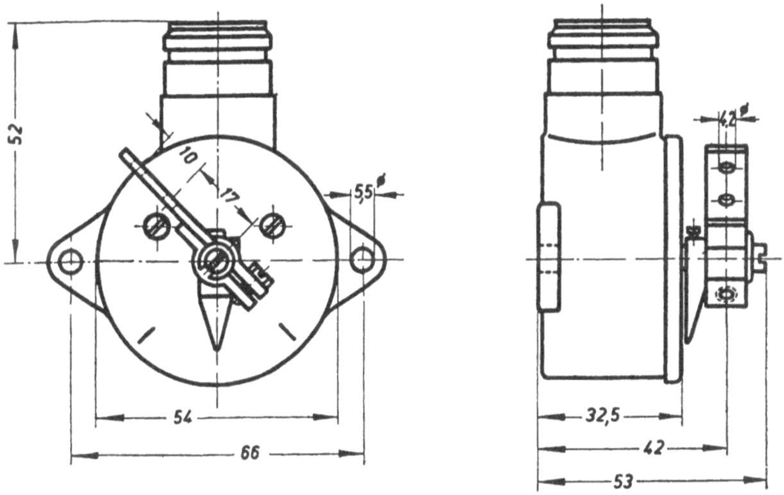

Abb. 158

LUFTFAHRTGERÄTEWERK HAKENFELDE

Stellungsanzeiger für bewegliche Flugwerkteile LWL/LWT/LWK (Fl. 20851/20852-1/20852-2 20853-1/20853-2/20855)	Elektrischer Fernstellungsmesser, Einfachanzeiger

Abb. 159

Ausführung

1. Arbeitsweise .... elektrisch, Siemens-Brückenkreuzspulschaltung mit Geberpotentiometer
2. Gehäuse .... zylindrisch, Preßstoff mit Eisenmantel
3. Stromsystem .... 24 V Bordnetz-Gleichstrom
4. Skalenausfuhrung .... Teilung: 5° (Fl. 22851 u. Fl. 20853—2), 1° (Fl. 22852), 1 Teilstrich (Fl. 22855); Bezifferung: je nach Bedarf, selbstleuchtend mit selbstleuchtenden Hauptteilstrichen auf schwarzem Grund
5. Übertragung .... dreiadrige Leitung
6. Zeiger .... selbstleuchtend, 80° Anzeigebereich

Einrichtungen

7. Dämpfung .... Rähmchendämpfung und ruhige Anzeige durch Gewichts-(Massen)Ausgleich
8. Abschirmung .... Abschirmung gegen Kompaßbeeinflussung durch Eisenmantel
9. Anwendungsgebiet .... bewegliche Flugwerkteile und Klappen der Triebwerkanlage

Daten

10. Gewicht	0,29 kg		
11. Meßbereich................	0...60⁰	(Landeklappen)	Fl. 22851
		(Kühlerklappen)	Fl. 20853—2
	+ 2...13⁰	(Trimmung)	Fl. 22852—1
	+10...0...—10	Teilstriche	Fl. 22855
12. Kleinster Meßbereich ablesbar	5⁰ oder 1⁰		
abschätzbar	2,5⁰ oder 0,5⁰		
13. Einbaumaße und Befestigung	4 Nietmuttern oder 4 Linsenkopfschrauben mit Federringen und Muttern, M 4×15, DIN 84		

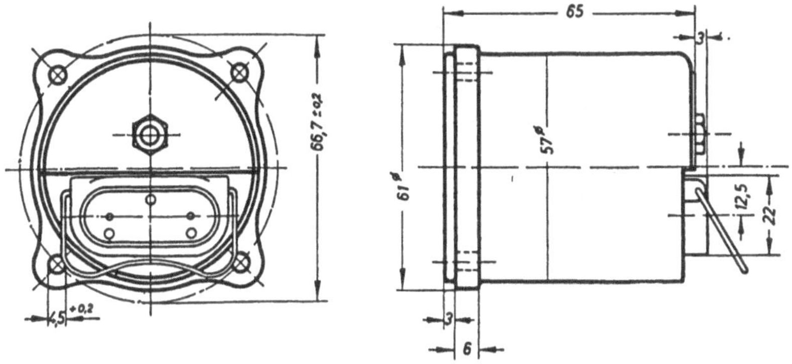

Abb. 160

ECKARDT

Geber für Stellungsanzeiger von beweglichen Flugwerkteilen StF (Fl. 22811/12)	Elektrischer Fernstellungsmesser mit Einfach- oder Dreifachanzeigegerät

Abb. 161

Ausführung

1. Arbeitsweise	elektrisch, Patin-Brückendrehspulschaltung mit Geberpotentiometer
2. Gehäuse	zylindrisch, Leichtmetall
3. Stromsystem	24 V Bordnetz-Gleichstrom
4. Meßorgan	Potentiometer mit mechanisch bewegtem Schleifer
5. Übertragung	dreiadrige Leitung
6. Anschluß	durch Steckdose LGS 3a

Einrichtungen

7. Betätigung	mechanische Übertragung vom Flugwerkteil
8. Begrenzung	durch Anschläge der Schleiferachse
9. Anwendungsgebiet	bewegliche Flugwerkteile und Klappen der Triebwerkanlage

Daten

10. Gewicht	0,14 kg
11. Meßbereich	je nach Verwendungszweck
12. Ausschlag	einheitlich 90° der Geberachse
13. Einbaumaße und Befestigung	zwei beliebige Schrauben, M 4×15

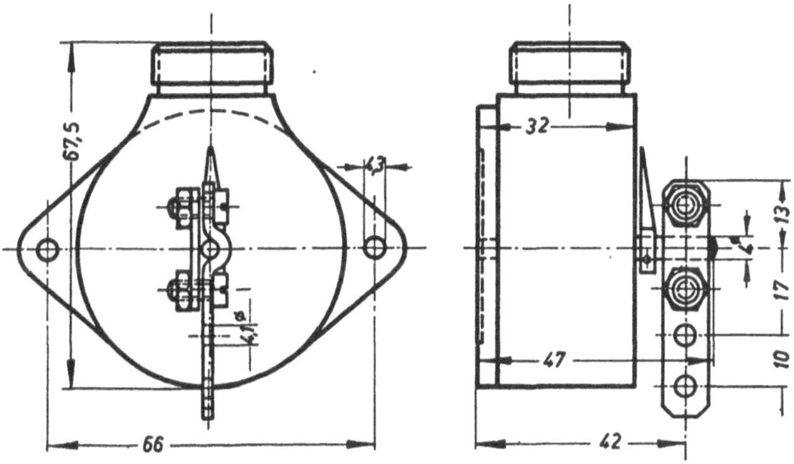

Abb. 162

ECKARDT

Stellungsanzeiger für bewegliche Flugwerkteile (Fl. 22813)	Elektrischer Fernstellungsmesser, Einfachanzeiger

Abb. 163

Ausführung

1. Arbeitsweise	elektrisch, Patin-Drehspulschaltung mit Geber und Anzeigerpotentiometer
2. Gehäuse	zylindrisch, Leichtmetall
3. Stromsystem	24 V Bordnetz-Gleichstrom, Leistungsbedarf etwa 1 Watt
4. Skalenausführung...........	Teilung: 10°; Bezifferung: —20°, 0, +20°, selbstleuchtend mit selbstleuchtenden Teilstrichen auf schwarzem Grund
5. Übertragung	dreiadrige Leitung
6. Zeiger......................	selbstleuchtende Zeigerfigur, 180° Anzeigebereich mit einstellbaren Bereichsmarken

Einrichtungen

7. Bauausfuhrung.............	auswechselbares Einheitsmeßwerk, Anschluß fur Liststeckdose
8. Abschirmung	Abschirmung gegen Kompaßbeeinflussung durch Weicheisenmantel um den Kernmagneten
9. Anwendungsgebiet..........	bewegliche Flugwerkteile und Klappen der Triebwerkanlage

Daten

10. Gewicht	0,14 kg
11. Meßbereich	—20° bis +20°
12. Kleinster Meßbereich	
ablesbar	10°
abschätzbar	2°
13. Einbaumaße und Befestigung	4 Nietmuttern oder 4 Linsenkopfschrauben mit Federringen und Muttern M 3×15

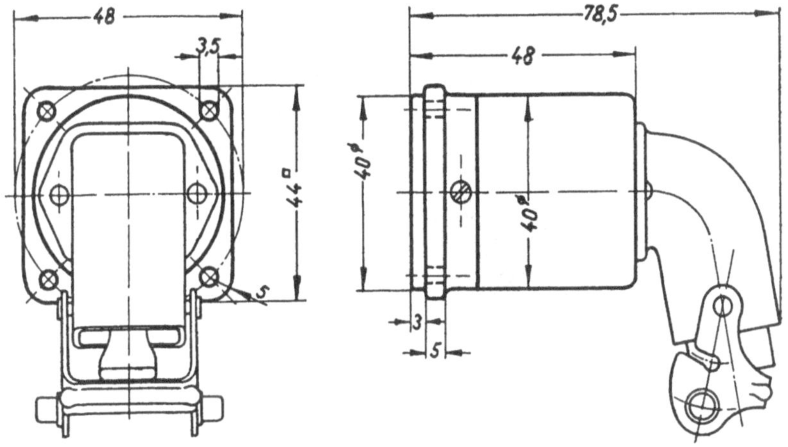

Abb. 164

ECKARDT

Stellungsanzeiger für bewegliche Flugwerkteile EPa 301 (Fl. 22810)	Elektrischer Fernstellungsmesser, Dreifachanzeiger (Mehrfachstellungsmesser)

Abb. 165

Ausführung

1. Arbeitsweise	elektrisch, Patin-Drehspulschaltung mit Geber- und Anzeigerpotentiometer
2. Gehäuse	zylindrisch, Spezial-Spritzguß
3. Stromsystem	24 V Bordnetz-Gleichstrom, Leistungsbedarf je Meßwerk etwa 1 Watt
4. Anzeigebild	Klappen- und Flossenanzeige mit Anzeigeskalen; Teilung: —20°, 0°, +20°, selbstleuchtend mit selbstleuchtenden Teilstrichen auf schwarzem Grund
5. Übertragung	fünfadrige Leitung, sechspolige Liststeckdose, Fl. 32110—1
6. Zeiger	selbstleuchtende Zeigerfiguren, 80° Anzeigebereich mit einstellbaren Bereichsmarken

Einrichtungen

7. Bauausführung	vollkommen getrennte, auswechselbare Einzelmeßwerke
8. Abschirmung	Abschirmung gegen Kompaßbeeinflussung durch Weicheisenmantel um den Kernmagneten
9. Anwendungsegbiet	bewegliche Flugwerkteile nach Bedarf

Daten

10. Gewicht	0,35 kg
11. Meßbereich	—20° bis +20°
12. Kleinster Meßbereich	
ablesbar	10°
abschätzbar	5°
13. Einbaumaße und Befestigung	4 Nietmuttern oder 4 Linsenkopfschrauben mit Federringen und Muttern M 4×15, DIN 84

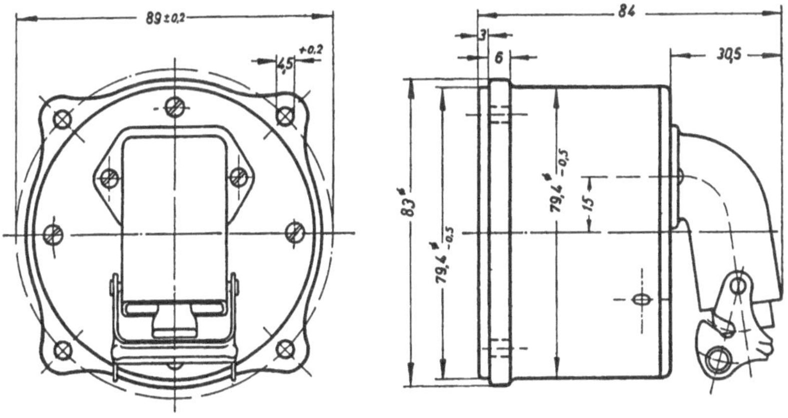

Abb. 166

LUFTFAHRTGERÄTEWERK HAKENFELDE

Stellungsanzeiger für bewegliche Flugwerkteile EL 1 (Fl. 22854)	Elektrischer Fernstellungsmesser, kombiniertes Landeanzeigegerät (Mehrfachstellungsmesser)

Abb. 167

Ausführung

1. Arbeitsweise	elektrisch, Siemens-Brückenkreuzspulschaltung mit Geberpotentiometer
2. Gehäuse	zylindrisch, Preßstoff mit Eisenmantel
3. Stromsystem	24 V Bordnetz-Gleichstrom
4. Anzeigebild	Fahrgestell-, Landklappen- und Spornanzeige mit selbstleuchtenden Teilstrichen auf schwarzem Grund
5. Übertragung	zwölfadrige Leitung (Gerätesteckdose Fl. 32642)
6. Zeiger	selbstleuchtende Zeigerfiguren

Einrichtungen

7. Dampfung	Rähmchendämpfung und ruhige Anzeige durch Gewichts-(Massen)Ausgleich
8. Abschirmung	Abschirmung durch Eisenmantel gegen Kompaßbeeinflussung
9. Anwendungsgebiet	bewegliche Flugwerkteile: Fahrwerk, Flossen, Klappen nach Bedarf

Daten

10. Gewicht	0,660 kg
11. Meßbereich	End- und Mittelstellungen ohne Bezifferung des Meßbereiches
12. Anzeige..................	Fahrgestell und Sporn mit Sprungbereichen für die Endstellungen (hierfur sind Signalschalter zu verwenden, s. Teil I, Abschn. B VII)
13. Einbaumaße und Befestigung	4 Nietmuttern oder 4 Linsenkopfschrauben mit Federringen und Muttern M 4×15, DIN 84

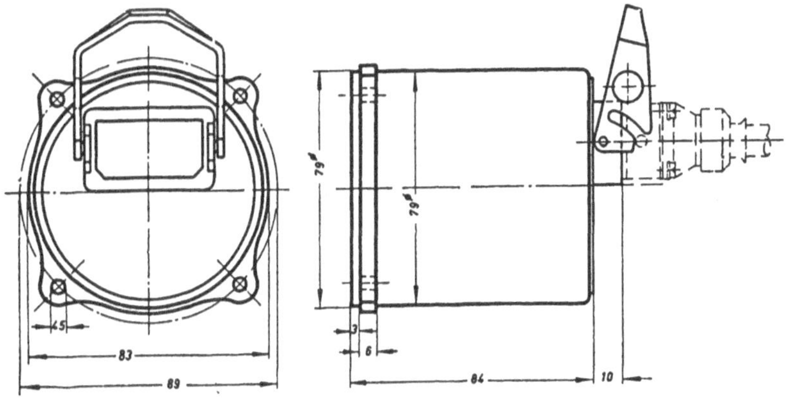

Abb. 168

MAXIMALL

Hochdruckmesser für Drucköl-anlagen HD 1 (Fl. 20516-1/-2/-3)	Mechanischer Einfachdruck-messer

Abb. 169

Ausführung

1. Arbeitsweise	mechanisch, Übertragung des Druckes auf ein bewegliches Meßorgan
2. Gehäuse	zylindrisch, Preßstoff
3. Meßorgan	Röhrenfeder
4. Zifferblatt	Teilung: je 5 oder 10 kg/cm², Bezifferung: je 20; 30 oder 40 kg/cm² selbstleuchtend mit selbstleuchtenden Teilstrichen auf schwarzem Grund
5. Übertragung	druckfeste Leitung, unmittelbarer Druckanschluß
6. Zeiger	selbstleuchtend, einfacher Zeigerumlauf

Einrichtungen

7. Überlastbarkeit	durch Anlegen der Röhrenfeder an einen Anschlag.
8. Anschluß	A 4 + M 12×1,5, DIN 7606 und A 4, DIN 7608
9. Zeigerdrehrichtung	mit dem Uhrzeigersinn (mul), 270° Anzeigebereich

Daten

10. Gewicht	0,170 kg
11. Meßbereich	0—60 kg/cm²; 0—120 kg/cm²; 0—160 kg/cm²
12. Kleinster Meßbereich	
ablesbar	5; 10 kg/cm²
abschätzbar	2,5; 5 kg/cm²
13. Einbaumaße und Befestigung	4 Nietmuttern oder 4 Linsenkopfschrauben mit Federringen und Muttern, M 4×15, DIN 84

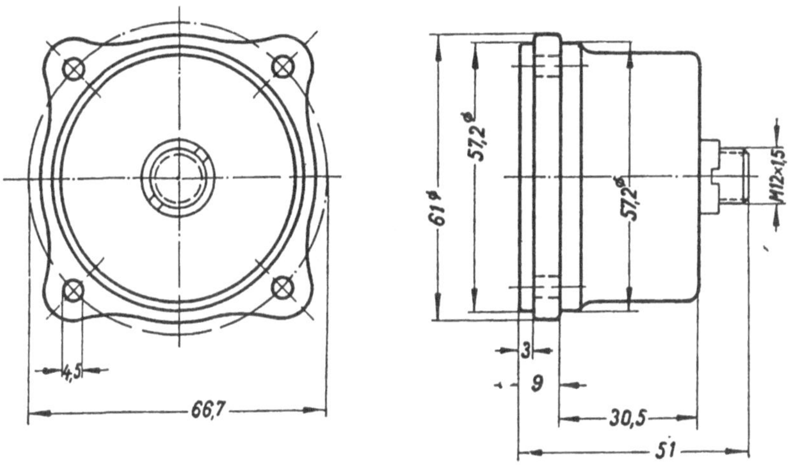

Abb. 170

LUFTFAHRTGERÄTEWERK HAKENFELDE

Hochdruckgeber für Drucköl-anlagen DGF 1 (Fl. 20 561–120)	Elektrischer Ferndruckmesser mit Einfach- oder Zweifach-Anzeigegerät

Abb. 171

Ausführung

1. Arbeitsweise	elektrisch, Siemens-Brückenkreuzspulschaltung mit Geberpotentiometer
2. Gehäuse	zylindrisch, Leichtmetall
3. Stromsystem	24 V Bordnetz-Gleichstrom
4. Meßorgan (mechanisch)	Röhrenfeder (Bourdonrohr),
(elektrisch)	Potentiometer mit Schleifer
5. Übertragung	dreiadrige Leitung
6. Anschluß	direkter Druckanschluß

Einrichtungen

7. Überlastbarkeit.............	1,2-fach (144 kg/cm²)
8. Anschlüsse (mechanisch).....	Druckanschluß nach DIN 7613 (M 12×1,5)
(elektrisch)	dreipolige Gebersteckdose LGS 3a
9. Zulässiger Temperaturbereich.	höchstzulässige Betriebstemperatur +60° C

Daten

10. Gewicht	0,16 kg (ohne Steckdose)
11. Meßbereich	0—120 kg/cm²
12. Druckleitung	M 12×1,5
13. Einbaumaße und Befestigung	Spannband oder Schellen

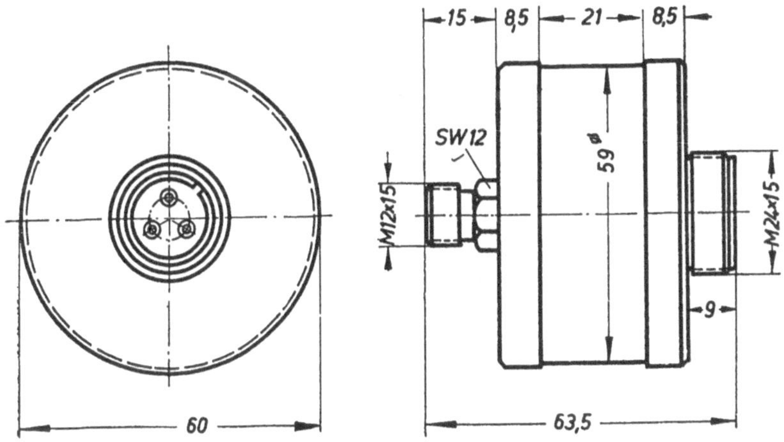

Abb. 172

LUFTFAHRTGERÄTEWERK HAKENFELDE

Hochdruckmesser für Drucköl-anlagen DAF 1 (Fl. ohne)	Elektrischer Ferndruckmesser, Einfachanzeigegerät

Abb. 173

Ausführung

1. Arbeitsweise	elektrisch, Siemens-Brückenkreuzspulschaltung mit Geberpotentiometer
2. Gehäuse	zylindrisch, Preßstoff mit Eisenmantel
3. Stromsystem	24 V Bordnetz-Gleichstrom
4. Skalenausfuhrung...........	Teilung: je 10 kg/cm²; Bezifferung: je 40 kg/cm², selbstleuchtend mit selbstleuchtenden Teilstrichen auf schwarzem Grund
5. Übertragung	dreiadrige Leitung
6. Zeiger	selbstleuchtend, 80° Anzeigebereich

Einrichtungen

7. Dämpfung	Rähmchendämpfung und ruhige Anzeige durch Gewichts-(Massen)Ausgleich
8. Abschirmung	Abschirmung gegen Kompaßbeeinflussung durch Eisenmantel
9. Zeigerdrehrichtung	mit dem Uhrzeigersinn (mul)

Daten

10. Gewicht .... 0,28 kg (ohne Steckdose)
11. Meßbereich .... 0—120 kg/cm²
12. Kleinster Meßbereich
    ablesbar .... 10 kg/cm²
    abschätzbar .... 5 kg/cm²
13. Einbaumaße und Befestigung 4 Nietmuttern oder 4 Linsenkopfschrauben mit Federringen und Muttern, M 4×15, DIN 84

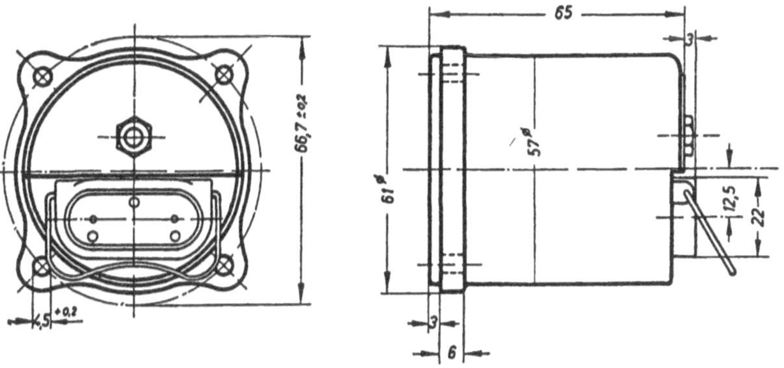

Abb. 174

MAXIMALL

Hochdruckmesser für Drucköl-anlagen HD (Fl. 20511)	Mechanischer Doppeldruck-messer (Zweifachanzeigegerät)

Abb. 175

Ausführung

1. Arbeitsweise	mechanisch, Übertragung der Drucke auf zwei bewegliche Meßorgane
2. Gehäuse	zylindrisch, Preßstoff
3. Meßorgan	zwei Röhrenfedern
4. Zifferblatt	Teilung: je 1 und 10 kg/cm²; Bezifferung: je 5 und 50 kg/cm², selbstleuchtend mit selbstleuchtenden Teilstrichen auf schwarzem Grund
5. Übertragung	zwei druckfeste Leitungen, unmittelbarer Druckanschluß
6. Zeiger	zwei Zeiger selbstleuchtend, je ein halber Zeigerumlauf

Einrichtungen

7. Überlastbarkeit	durch Anlegen der Röhrenfedern an Anschlägen
8. Anschlüsse	B 4 + M 12×1,5, DIN 7606
9. Zeigerdrehrichtung	linker Zeiger mit dem Uhrzeigersinn (mul), rechter Zeiger entgegen dem Uhrzeigersinn (edul)

Daten

10. Gewicht	0,245 kg
11. Meßbereich	0—20 und 0—200 kg/cm²
12. Kleinster Meßbereich	
ablesbar	1 und 10 kg/cm²
abschätzbar	0,5 und 5 kg/cm²
13. Einbaumaße und Befestigung	4 Nietmuttern oder 4 Linsenkopfschrauben mit Federringen und Muttern, M 4×15, DIN 84

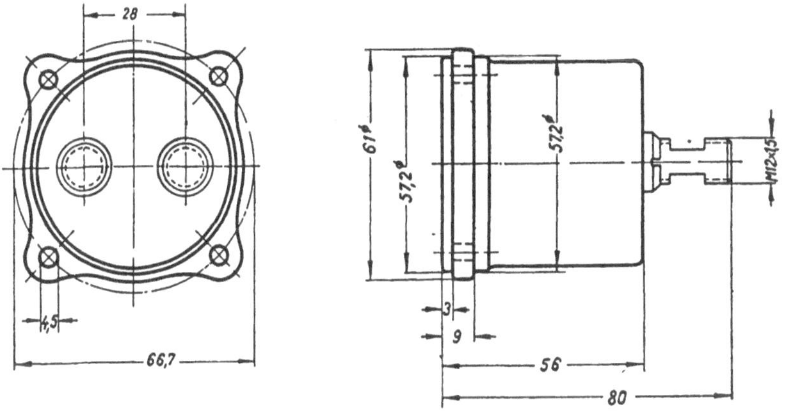

Abb. 176

MAXIMALL

Hochdruckmesser für Druckölanlagen HD (Fl. ohne)	Mechanischer Doppeldruckmesser (Zweifachanzeigegerät)

Abb. 177

Ausführung

1. Arbeitsweise	mechanisch, Übertragung der Drücke auf zwei bewegliche Meßorgane
2. Gehäuse	zylindrisch, Preßstoff
3. Meßorgan	zwei Röhrenfedern
4. Zifferblatt	Teilung: 2× je 10 kg/cm²; Bezifferung: 2× je 40 kg/cm², selbstleuchtend mit selbstleuchtenden Teilstrichen auf schwarzem Grund
5. Übertragung	zwei druckfeste Leitungen, unmittelbarer Druckanschluß
6. Zeiger	zwei Zeiger selbstleuchtend, je ein halber Zeigerumlauf

Einrichtungen

7. Überlastbarkeit	durch Anlegen der Röhrenfedern an Anschlägen
8. Anschlüsse	B 4 + M 12×1,5, DIN 7606
9. Zeigerdrehrichtung	linker Zeiger mit dem Uhrzeigersinn (mul), rechter Zeiger entgegen dem Uhrzeigersinn (edul)

Daten

10. Gewicht	0,245 kg
11. Meßbereich	2×0—120 kg/cm²
12. Kleinster Meßbereich	
ablesbar	10 kg/cm²
abschätzbar	5 kg/cm²
13. Einbaumaße und Befestigung	4 Nietmuttern oder 4 Linsenkopfschrauben mit Federringen und Muttern, M 4×15, DIN 84

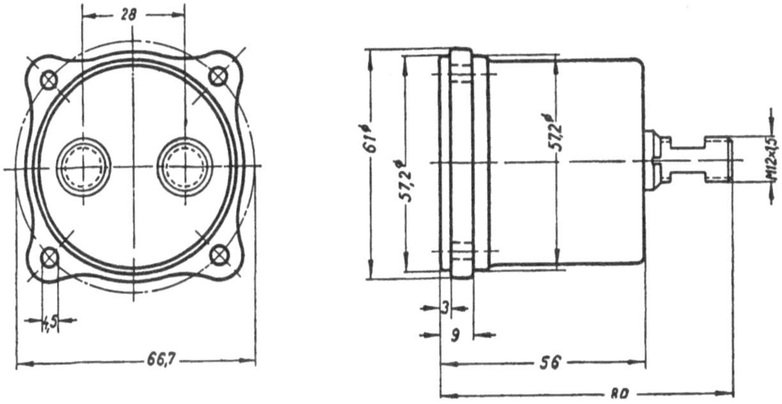

Abb. 178

LUFTFAHRTGERÄTEWERK HAKENFELDE

Hochdruckmesser für Drucköl-anlagen EZ 2 (Fl. ohne)	Elektrischer Ferndruckmesser, Zweifachanzeigegerät

Abb. 179

Ausführung

1. Arbeitsweise	elektrisch, Siemens-Brückenkreuzspulschaltung mit Geberpotentiometer, 2 voneinander unabhängige Meßwerke in einem gemeinsamen Ringmagnet
2. Gehäuse	zylindrisch, Preßstoff mit Eisenmantel
3. Stromsystem	24 V Bordnetz-Gleichstrom
4. Skalenausführung...........	2 gegenuberliegende senkrechtstehende Skalenbogen; Teilung: je 20 kg/cm²; Bezifferung: 0, 40, 80, 120 kg/cm², selbstleuchtend mit selbstleuchtenden Teilstrichen auf schwarzem Grund
5. Übertragung................	5-adrige Leitung
6. Zeiger.....................	zwei selbstleuchtende Zeiger, 80° Anzeigebereich

Einrichtungen

7. Dämpfung	Rähmchendämpfung und ruhige Anzeige durch Gewichts-(Massen)Ausgleich
8. Abschirmung...............	Abschirmung gegen Kompaßbeeinflussung durch Eisenmantel
9. Zeigerdrehrichtung..........	von unten nach oben; linkes Meßwerk: entgegen dem Uhrzeigersinn (edul), rechtes Meßwerk: mit dem Uhrzeigersinn (mul)

Daten

10. Gewicht	0,16 kg
11. Meßbereich	2×0—120 kg/cm²
12. Kleinster Meßbereich	
ablesbar	20 kg/cm²
abschätzbar	5 kg/cm²
13. Einbaumaße und Befestigung	4 Nietmuttern oder 4 Linsenkopfschrauben mit Federringen und Muttern, M 4×15, DIN 84

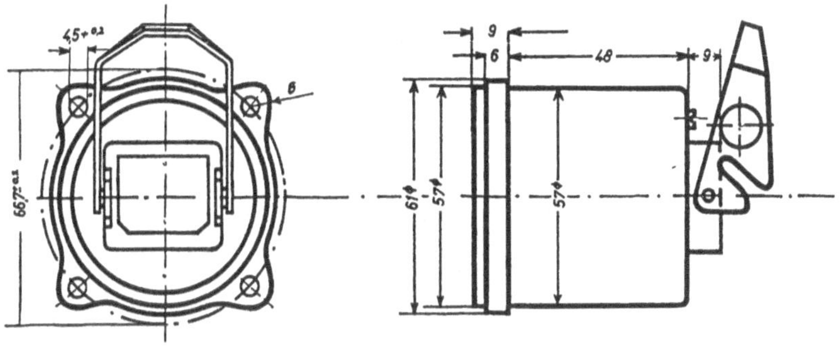

Abb. 180

SCHEIBLER & SÖHNE

Lampengerät für Stellungsanzeige 196818 A—1 (Fl ohne)	Neunlampen-Gerät

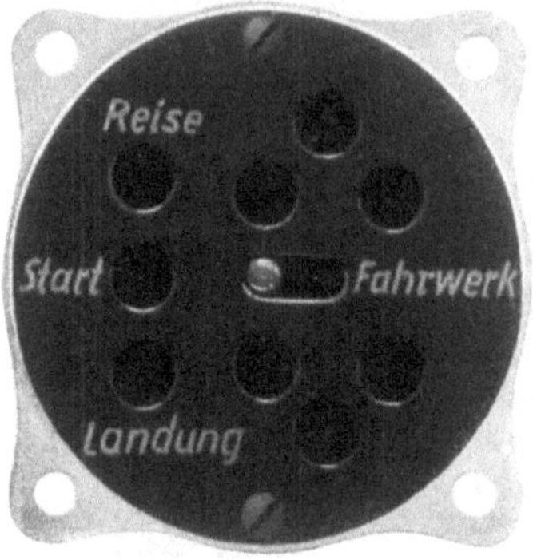

Abb. 181

Ausführung

1. Arbeitsweise	elektrisch, Aufleuchten von Signalen
2. Gehäuse	zylindrisch, Leichtmetall
3. Stromsystem	24 V Bordnetz-Gleichstrom
4. Anzeigebild	grüne, rote und gelbe Fenster in drei Gruppen zu je drei Lampen
5. Übertragung	zehnadrige Leitung mit zehnpoliger Steckdose
6. Kennzeichnung	selbstleuchtende Beschriftung der einzelnen Lampengruppen

Einrichtungen

7. Anzeige	durch Einfach- oder Mehrfachgeberschalter nach Wahl
8. Verdunkelung	durch von Hand einstellbare Blendscheibe
9. Anwendungsgebiet	bewegliche Flugwerkteile, Beschriftung nach Bestellung

Daten

10. Gewicht	0,200 kg
11. Meßbereich	End- und Zwischenstellungen nach Bedarf
12. Strombedarf	5 Lampen zu je 1,7—2 Watt
13. Einbaumaße und Befestigung	4 Nietmuttern oder 4 Linsenkopfschrauben mit Federringen und Muttern, M 4×15, DIN 84

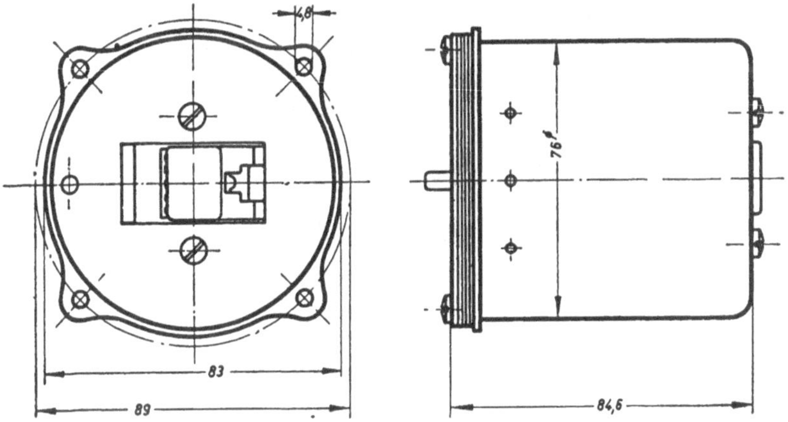

Abb. 182

LIST

Lampengerät für Stellungsanzeige LG 11 (Fl. 32235—1)	Elflampen-Gerät

Abb. 183

Ausführung

1. Arbeitsweise	elektrisch, aufleuchten von Signalen
2. Gehäuse	kastenförmig, Leichtmetall
3. Stromsystem	24 V Bordnetz-Gleichstrom
4. Anzeigebild	grune, rote und gelbe Fenster, je eine Gruppe zu 2, 3 und 6 Lampen
5. Übertragung	20adrige Leitung mit List-Steckdose Fl. 32113—4/11 oder 5/11
6. Kennzeichnung	selbstleuchtende Umrandung der einzelnen Lampengruppen

Einrichtungen

7. Anzeige	durch Einfach- oder Mehrfachgeberschalter nach Wahl
8. Verdunkelung	durch Verdunkelungsschalter
9. Anwendungsgebiet	selbstleuchtende Umrandung der einzelnen Lampengruppen

Daten

10. Gewicht	0,5 kg
11. Meßbereich	End- und Zwischenstellungen nach Bedarf
12. Strombedarf...............	6 Lampen zu je 2 Watt (Osram-Lampen Fl. 32777—1)
13. Einbaumaße und Befestigung	4 Nietmuttern oder 4 Linsenkopfschrauben mit Federringen und Muttern, M 4×15, DIN 84

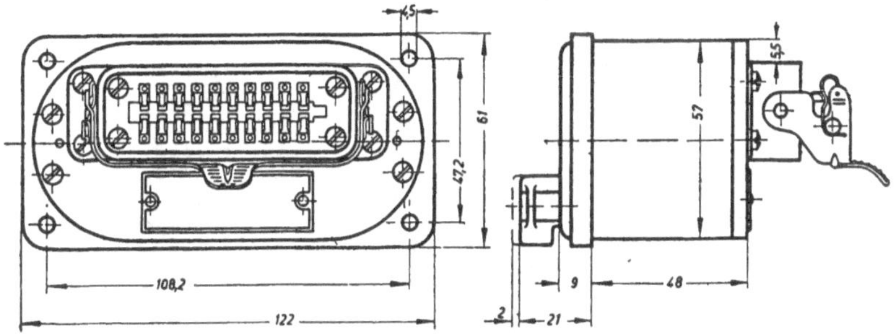

Abb. 184

LIST

Lampengerät für Stellungsanzeige LG 12 (Fl. 32532)	Zwölflampen-Gerät

Abb. 185

Ausführung

1. Arbeitsweise .... elektrisch, Aufleuchten von Signalen
2. Gehäuse .... kastenförmig, Leichtmetall
3. Stromsystem .... 24 V Bordnetz-Gleichstrom
4. Anzeigebild .... grüne, rote und gelbe Fenster, zwei Gruppen zu je 3 Lampen, eine Gruppe zu 6 Lampen
5. Übertragung .... 15-adrige Leitung mit List-Steckdose Fl. 32113—4/11 oder 5/11
6. Kennzeichnung .... selbstleuchtende Umrandung der einzelnen Lampengruppen

Einrichtungen

7. Anzeige .... durch Einfach- oder Mehrfachgeberschalter nach Wahl
8. Verdunkelung .... durch Verdunkelungsschalter
9. Anwendungsgebiet .... bewegliche Flugwerkteile nach Wahl

Daten

10. Gewicht	0,47 kg
11. Meßbereich	End- und Zwischenstellungen nach Bedarf
12. Strombedarf...............	7 Lampen zu je 2 Watt (Osram-Lampen Fl. 32777—1)
13. Einbaumaße und Befestigung	4 Nietmuttern oder 4 Linsenkopfschrauben mit Federringen und Muttern, M 4×15, DIN 84

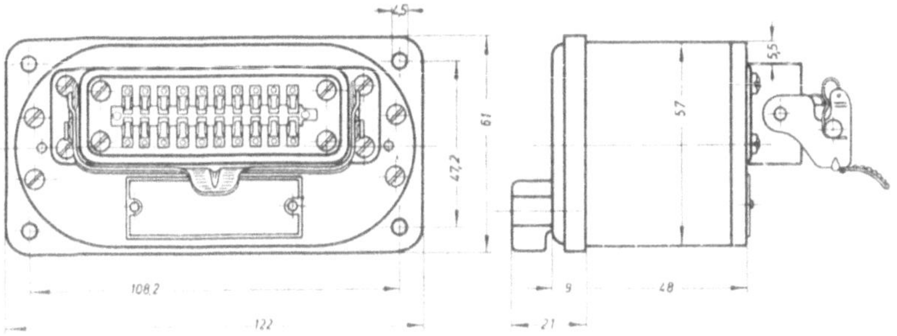

Abb. 186

LUFTFAHRTGERÄTEWERK HAKENFELDE

Stellungsanzeiger für bewegliche Flugwerkteile. Trommelschauzeichen 19—9602 (Fl. ohne)	Elektrischer Fernstellungsanzeiger, Einfachschauzeichen

Abb. 187

Ausführung

1. Arbeitsweise .... elektrisch, Elektromagnet
2. Gehäuse .... zylindrisch, Stahblech
3. Stromsystem .... 24 V Bordnetz-Gleichstrom
4. Anzeigebild .... selbstleuchtende Beschriftung auf schwarzem Grund
5. Übertragung .... zweiadrige Leitung
6. Zeiger..................... ohne Zeiger, nur Schauzeichen nach Bestellung

Einrichtungen

7. Anzeige .... Ruhezustand bei abgefallenem Schauzeichen
8. Abschirmung .... durch Gehäusestahlmantel
9. nwendungsgebiet.......... bewegliche Flugweıkteile und Klappen der Triebwerkanlage

Daten

10. Gewicht	0,02 kg
11. Meßbereich	keine Messung, nur Anzeige (zwei Stellungen)
12. Anschluß	Lötanschluß bis 1 mm² Leitungsquerschnitt, außerdem Schraubanschlußgerät
13. Einbau und Befestigung....	Nietbuchse mit Gewindering

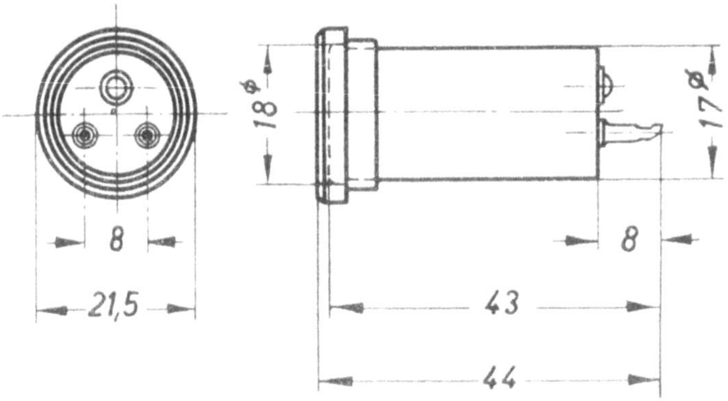

Abb. 188

FSC
www.fsc.org
MIX
Papier | Fördert
gute Waldnutzung
FSC® C083411

Kolibri 360 GmbH
Ferdinand-Jühlke-Straße 7
99095 Erfurt, Deutschland
produktsicherheit@kolibri360.de